DFT – Diskrete Fourier-Transformation

André Neubauer

DFT – Diskrete Fourier-Transformation

Elementare Einführung

Mit 118 Abbildungen

 Springer Vieweg

Prof. Dr.-Ing. André Neubauer
Labor für Informationsverarbeitende Systeme
Fachbereich Elektrotechnik und Informatik
Fachhochschule Münster
Deutschland

ISBN 978-3-8348-1996-3   ISBN 978-3-8348-1997-0 (eBook)
DOI 10.1007/978-3-8348-1997-0

Die Deutsche Nationalbibliothek verzeichnet diese Publikation in der Deutschen Nationalbibliografie; detaillierte bibliografische Daten sind im Internet über http://dnb.d-nb.de abrufbar.

Springer Vieweg
© Vieweg+Teubner Verlag | Springer Fachmedien Wiesbaden 2012

Einbandentwurf: KünkelLopka GmbH

Gedruckt auf säurefreiem und chlorfrei gebleichtem Papier

Springer Vieweg ist eine Marke von Springer DE. Springer DE ist Teil der Fachverlagsgruppe Springer Science+Business Media
www.springer-vieweg.de

Για την Κατερίνα με αγάπη.

Vorwort

Die *diskrete* FOURIER-*Transformation* (*DFT* – *Discrete* FOURIER *Transform*) stellt eines der wichtigsten Werkzeuge der digitalen Signalverarbeitung und der Signaltheorie dar. Sie erlaubt die Analyse und Synthese von Signalen und Systemen durch Transformation diskreter Signalfolgen in den Bildbereich, den so genannten Spektralbereich. Wichtig für die Verwendung der diskreten FOURIER-Transformation in der digitalen Signalverarbeitung ist die Verfügbarkeit schneller Algorithmen zur Berechnung der Spektralfolgen mittels der *schnellen* FOURIER-*Transformation* (*FFT* – *Fast Fourier Transform*). Praktische Anwendung finden die diskrete FOURIER-Transformation und verwandte diskrete Signaltransformationen in der Analyse von ein- und mehrdimensionalen Signalen wie beispielsweise in der Messtechnik, in der digitalen Bildverarbeitung, in der Mustererkennung, in der Quellencodierung auf Basis von Transformationscodierungen, in der Kanalcodierung für die Codierung zyklischer REED-SOLOMON-Codes, in der digitalen Signalübertragung mittels Mehrträgerverfahren wie beispielsweise OFDM (*Orthogonal Frequency Division Multiplexing*) in modernen digitalen Mobilfunksystemen, in adaptiven Filtern im Frequenzbereich, in Empfängern für Satellitennavigationssysteme, in der Spektralanalyse sowie in der Medizintechnik beispielsweise zur Analyse von EEG-Signalen (*EEG* – *Elektroenzephalografie*).

Das vorliegende Buch bietet eine leicht verständliche und für Ingenieure, Informatiker, Naturwissenschaftler und Medizintechniker geeignete Einführung in die diskrete FOURIER-Transformation. Es beruht auf Teilen der Vorlesung *Fortgeschrittene Signalverarbeitung*, die der Autor im Fachbereich Elektrotechnik und Informatik der Fachhochschule Münster liest. Besonderer Wert wird auf die Erläuterung der grundlegenden Ideen der diskreten FOURIER-Transformation gelegt. Durch die ausführliche Herleitung der mathematischen Beziehungen sowie die Vielzahl von Beispielen werden die häufig abstrakten Konzepte der diskreten FOURIER-Transformation veranschaulicht. Das vorliegende Buch ist daher gut zum Selbststudium geeignet.

Das Buch gliedert sich folgendermaßen. In Kap. 1 werden in einer kurzen Einleitung die in der Signalverarbeitung und der Signaltheorie übliche Beschreibung diskreter Signalfolgen sowie diskrete Signaltransformationen erläutert. Anschließend werden in Kap. 2 die für das Verständnis der diskreten FOURIER-Transformation erforderlichen mathematischen Grundlagen beschrieben. In diesem Zusammenhang geben wir einen kurzen Abriss über komplexe Zahlen, Matrizen und Vektoren sowie die im weiteren Verlauf wichtige geometrische Reihe, mit deren Hilfe die für die Definition der diskreten FOURIER-Transformation in Kap. 3 wichtige Rücktransformation vom Spektralbereich in den Originalbereich hergeleitet werden kann. Ein wesentliches Resultat ist hierbei die Erkenntnis, dass eine umkehrbar eindeutige Hin- und Rücktransformation für die diskrete FOURIER-Transformation auf der Basis ähnlicher Transformationsformeln existiert. In einem Exkurs wird in Kap. 3 ferner der bestehende Zusammenhang zwischen der FOURIER-Transformation kontinuierlicher Signale und der diskreten FOURIER-Transformation diskreter Signalfolgen unter Berücksichtigung der Abtastung im Original- und Spektralbereich beschrieben. Die wesentlichen Eigenschaften der diskreten FOURIER-Transformation werden in Kap. 4 behandelt, während in Kap. 5 wichtige Korrespondenzpaare von diskreten Signal- und Spektralfolgen hergeleitet werden. Die effiziente Berechnung der diskreten FOURIER-Transformation erfolgt mit FFT-Algorithmen der schnellen FOURIER-Transformation, die in Kap. 6 besprochen werden. Abschließend behandelt das Kap. 7 die schnelle Faltung als wichtige praktische Anwendung der diskreten FOURIER-Transformation im Bereich der Realisierung digitaler signalverarbeitender Systeme.

An dieser Stelle danke ich all jenen, die zur Verwirklichung des vorliegenden Buches beigetragen haben. Neben den Studierenden, welche durch kritische Fragen das Manuskript zu verbessern halfen, erhielt ich hilfreiche Anmerkungen und Verbesserungsvorschläge insbesondere von Herrn PROF. DR.-ING. HEINZ-GEORG FEHN. Frau PROF. DR.-ING. DORIS DANZIGER danke ich für Ihren Rat. Unterstützung erhielt ich ferner stets von den Herren PROF. DR.-ING. JOSEF HAUSNER sowie DIPL.-ING. HANS-PETER WIESMATH und DIPL.-ING. MARKUS SCHLAMANN. Herrn PROF. DR. MED. DR. H.C. MULT. MADJID SAMII bin ich zu tiefem Dank verpflichtet. Für ihren liebevollen Zuspruch danke ich meiner Frau KATERINA DERVA; ihr ist dieses Buch gewidmet.

Düsseldorf, im Sommer 2011   ANDRÉ NEUBAUER

Inhaltsverzeichnis

In der digitalen Signalverarbeitung und der Signaltheorie werden diskrete Signalfolgen beispielsweise von Audio- und Bildsignalen betrachtet, die mit Hilfe einer Abtastung aus kontinuierlichen Signalen hervorgehen. Für *diskrete Transformationen* wie die in diesem Buch behandelte diskrete FOURIER-Transformation werden endliche diskrete Signalfolgen, so genannte *finite Signalfolgen* verwendet. Eine solche Signalfolge

$$\{x(0), x(1), \ldots, x(N-1)\} = \{x(k)\}_{0 \leq k \leq N-1}$$

besteht aus N Signalwerten $x(k)$ mit dem Index $0 \leq k \leq N-1$. Mit Hilfe einer diskreten Signaltransformation kann einer finiten Signalfolge $\{x(k)\}_{0 \leq k \leq N-1}$ der Länge N im *Originalbereich* eine *finite Spektralfolge*

$$\{X(0), X(1), \ldots, X(N-1)\} = \{X(\ell)\}_{0 \leq \ell \leq N-1}$$

bestehend aus N Spektralwerten $X(\ell)$ mit dem Index $0 \leq \ell \leq N-1$ im *Spektralbereich* zugeordnet werden. Abbildung 1.1 stellt die diskrete Transformation der finiten Signalfolge $\{x(k)\}_{0 \leq k \leq N-1}$ in die finite Spektralfolge $\{X(\ell)\}_{0 \leq \ell \leq N-1}$ mittels einer geeigneten diskreten Signaltransformation dar.

Bei einer umkehrbaren diskreten Signaltransformation kann die finite Signalfolge $\{x(k)\}_{0 \leq k \leq N-1}$ aus der Spektralfolge $\{X(\ell)\}_{0 \leq \ell \leq N-1}$ zurückgewonnen werden. Die

Abb. 1.1 Diskrete Transformation der finiten Signalfolge $\{x(k)\}_{0 \leq k \leq N-1}$ in die finite Spektralfolge $\{X(\ell)\}_{0 \leq \ell \leq N-1}$

A. Neubauer, *DFT – Diskrete Fourier-Transformation*, DOI 10.1007/978-3-8348-1997-0_1,
© Vieweg+Teubner Verlag | Springer Fachmedien Wiesbaden 2012

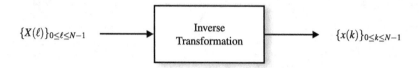

Abb. 1.2 Inverse Transformation der finiten Spektralfolge $\{X(\ell)\}_{0\leq\ell\leq N-1}$ in die finite Signalfolge $\{x(k)\}_{0\leq k\leq N-1}$

Abb. 1.3 Finite Signalfolge $\{x(k)\}_{0\leq k\leq 7}$ im Originalbereich und finite Spektralfolge $\{X(\ell)\}_{0\leq\ell\leq 7}$ im Spektralbereich der diskreten FOURIER-Transformation

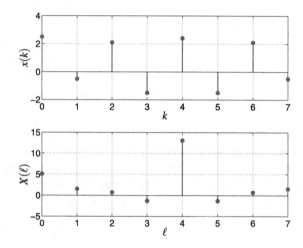

Rücktransformation vom Spektralbereich in den Originalbereich erfolgt bei einer solchen umkehrbaren diskreten Signaltransformation mit der inversen Transformation, wie Abb. 1.2 veranschaulicht.

In praktischen Anwendungen hat sich die diskrete FOURIER-Transformation bewährt. In Abb. 1.3 sind sowohl die finite Signalfolge $\{x(0), x(1), \ldots, x(7)\} = \{x(k)\}_{0\leq k\leq 7}$ als auch die finite Spektralfolge $\{X(0), X(1), \ldots, X(7)\} = \{X(\ell)\}_{0\leq\ell\leq 7}$ jeweils der Länge $N = 8$ für den Fall der diskreten FOURIER-Transformation gezeigt.

Mathematische Strukturen

2

In diesem Kapitel geben wir einen kurzen Abriss über die für die diskrete FOURIER-Transformation wichtigsten mathematischen Grundlagen [4].

2.1 Nomenklatur

In diesem Abschnitt geben wir einige im weiteren Verlauf dieses Buches verwendeten mathematischen Schreibweisen an.

2.1.1 Zahlenmengen

Die *Menge der natürlichen Zahlen* ist gegeben durch

$$\mathbb{N} = \{0, 1, 2, \ldots\} \ .$$

Durch Hinzunahme der negativen Zahlen $-1, -2, \ldots$ ergibt sich die *Menge der ganzen Zahlen* definiert durch

$$\mathbb{Z} = \{\ldots, -2, -1, 0, 1, 2, \ldots\} \ .$$

Entsprechend werden die *Menge der reellen Zahlen* sowie die *Menge der komplexen Zahlen* durch die Symbole $\mathbb{R}$ und $\mathbb{C}$ gekennzeichnet.

2.1.2 Modulo-Rechnung

Die *Division mit Rest* einer ganzen Zahl z durch die natürliche Zahl N ist definiert durch

$$z = q \cdot N + r$$

A. Neubauer, *DFT – Diskrete Fourier-Transformation*, DOI 10.1007/978-3-8348-1997-0_2,
© Vieweg+Teubner Verlag | Springer Fachmedien Wiesbaden 2012

mit dem Quotienten q und dem Rest $0 \leq r < N$. Unter Verwendung der *modulo*-Rechnung mit dem *Modul N* wird der Rest r durch die folgende Formulierung bezeichnet (in Worten „z modulo N")

$$z \bmod N = r \ .$$

2.1.3   Summenzeichen

Die Summe der Zahlen $z(0), z(1), \ldots, z(N-1)$ wird mit Hilfe des *Summenzeichens* Σ folgendermaßen geschrieben

$$\sum_{n=0}^{N-1} z(n) = z(0) + z(1) + \ldots + z(N-1)$$

mit dem Summationsindex n.

2.2   Elementare Funktionen

2.2.1   Exponentialfunktion

Die *Exponentialfunktion* e^z ist definiert durch die unendliche Reihe

$$e^z = \sum_{n=0}^{\infty} \frac{1}{n!} \cdot z^n = 1 + z + \frac{z^2}{2!} + \frac{z^3}{3!} + \ldots$$

mit der EULERschen Zahl $e = 2{,}718281828459046\ldots$ und der Fakultät

$$n! = 1 \cdot 2 \cdot \ldots \cdot n$$

mit $0! = 1$. Für die Exponentialfunktion e^z gilt die *Fundamentaleigenschaft*

$$e^x \cdot e^y = e^{x+y} \ .$$

Für $x = z$ und $y = -z$ folgt hieraus

$$e^z \cdot e^{-z} = e^{z-z} = e^0 = 1$$

und somit

$$e^{-z} = \frac{1}{e^z} \ .$$

Abb. 2.1 Cosinusfunktion $\cos(\phi)$

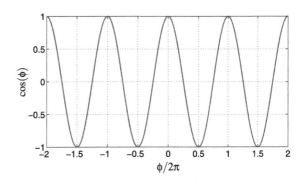

2.2.2 Cosinusfunktion

Die *Cosinusfunktion* $\cos(\phi)$ ist definiert durch die unendliche Reihe

$$\cos(\phi) = \sum_{n=0}^{\infty} \frac{(-1)^n}{(2n)!} \cdot \phi^{2n} = 1 - \frac{\phi^2}{2!} + \frac{\phi^4}{4!} \mp \dots \ .$$

Die Cosinusfunktion ist eine *gerade* Funktion, das heißt es gilt

$$\cos(-\phi) = \cos(\phi) \ .$$

Ferner ist sie periodisch mit der Periode 2π gemäß

$$\cos(\phi + n \cdot 2\pi) = \cos(\phi)$$

mit $n \in \mathbb{Z}$. Hierbei kennzeichnet $\pi = 3{,}141592653589793\dots$ die *Kreiszahl*. Abbildung 2.1 veranschaulicht die Cosinusfunktion $\cos(\phi)$.

Wird die Cosinusfunktion unter Verwendung des Winkels $\phi = 2\pi F t$ als Funktion der (zeitlichen) Variablen t aufgefasst, so ist die Periode T der Cosinusfunktion $\cos(2\pi F t)$ gegeben durch $2\pi F T = 2\pi$ beziehungsweise mit der *Frequenz F*

$$T = \frac{1}{F} \ .$$

2.2.3 Sinusfunktion

Die *Sinusfunktion* $\sin(\phi)$ ist ähnlich wie die Cosinusfunktion $\cos(\phi)$ definiert durch die unendliche Reihe

$$\sin(\phi) = \sum_{n=0}^{\infty} \frac{(-1)^n}{(2n+1)!} \cdot \phi^{2n+1} = \phi - \frac{\phi^3}{3!} + \frac{\phi^5}{5!} \mp \dots \ .$$

Abb. 2.2 Sinusfunktion $\sin(\phi)$

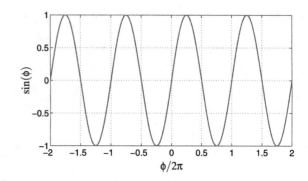

Die Sinusfunktion ist eine *ungerade* Funktion, das heißt es gilt

$$\sin(-\phi) = -\sin(\phi) \ .$$

Ferner ist sie wie die Cosinusfunktion periodisch mit der Periode 2π gemäß

$$\sin(\phi + n \cdot 2\pi) = \sin(\phi)$$

mit $n \in \mathbb{Z}$. Die in Abb. 2.2 gezeigte Sinusfunktion $\sin(\phi)$ kann aus der Cosinusfunktion $\cos(\phi)$ durch Verschiebung um $\pi/2$ erhalten werden entsprechend

$$\sin(\phi) = \cos\left(\phi - \frac{\pi}{2}\right) \ .$$

Wird die Sinusfunktion wie die Cosinusfunktion unter Verwendung des Winkels $\phi = 2\pi F t$ als Funktion der (zeitlichen) Variablen t geschrieben, so ist die Periode T der Sinusfunktion $\sin(2\pi F t)$ gegeben durch $2\pi F T = 2\pi$ beziehungsweise mit der Frequenz F

$$T = \frac{1}{F} \ .$$

2.2.4   Tangensfunktion

Die in Abb. 2.3 dargestellte *Tangensfunktion* $\tan(\phi)$ ist definiert unter Verwendung der Cosinusfunktion $\cos(\phi)$ sowie der Sinusfunktion $\sin(\phi)$ gemäß

$$\tan(\phi) = \frac{\sin(\phi)}{\cos(\phi)} \ .$$

Wegen

$$\tan(-\phi) = -\tan(\phi)$$

Abb. 2.3 Tangensfunktion $\tan(\phi)$

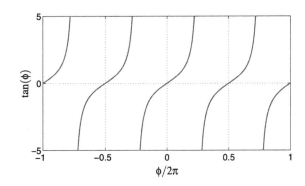

ist die Tangensfunktion *ungerade*. Des Weiteren ist die Tangensfunktion $\tan(\phi)$ periodisch mit der Periode π gemäß

$$\tan(\phi + n \cdot \pi) = \tan(\phi)$$

mit $n \in \mathbb{Z}$.

2.3 Komplexe Zahlen

Wir wenden uns in diesem Abschnitt der Menge der *komplexen Zahlen* zu, die im weiteren Verlauf bei der Behandlung der diskreten FOURIER-Transformation sowie der finiten Signalfolgen und Spektralfolgen von Bedeutung ist.

2.3.1 Kartesische Koordinaten

Eine *komplexe Zahl* $z \in \mathbb{C}$ aus der Menge $\mathbb{C}$ der komplexen Zahlen ist definiert in *kartesischen Koordinaten* als eine Zahl

$$z = x + jy$$

bestehend aus dem reellen Realteil

$$\mathfrak{R}\{z\} = x \in \mathbb{R}$$

und dem reellen Imaginärteil

$$\mathfrak{I}\{z\} = y \in \mathbb{R} \ .$$

Hierbei stellt j die so genannte *imaginäre Einheit*

$$j = \sqrt{-1}$$

mit $j^2 = -1$ dar.

2.3.2 Polarkoordinaten

Anstelle der Darstellung der komplexen Zahl $z = x + jy$ in kartesischen Koordinaten x und y kann z in *Polarkoordinaten* mit dem Betrag $\rho = |z|$ und dem Winkel ϕ geschrieben werden als

$$z = \rho \cdot e^{j\phi} \ .$$

Unter Berücksichtigung der Definition der Exponentialfunktion sowie der Cosinus- und Sinusfunktionen ergibt sich mit $j^2 = -1$ für die *harmonische Funktion*

$$
\begin{aligned}
e^{j\phi} &= 1 + j\phi + \frac{(j\phi)^2}{2!} + \frac{(j\phi)^3}{3!} + \frac{(j\phi)^4}{4!} + \frac{(j\phi)^5}{5!} + \dots \\
&= 1 + j\phi + j^2 \frac{\phi^2}{2!} + j^3 \frac{\phi^3}{3!} + j^4 \frac{\phi^4}{4!} + j^5 \frac{\phi^5}{5!} + \dots \\
&= 1 + j\phi - \frac{\phi^2}{2!} - j\frac{\phi^3}{3!} + \frac{\phi^4}{4!} + j\frac{\phi^5}{5!} \mp \dots \\
&= \left(1 - \frac{\phi^2}{2!} + \frac{\phi^4}{4!} \mp \dots\right) + j\left(\phi - \frac{\phi^3}{3!} + \frac{\phi^5}{5!} \mp \dots\right) \\
&= \cos(\phi) + j\sin(\phi) \ .
\end{aligned}
$$

Wegen dieser so genannten EULERschen Formel

$$e^{j\phi} = \cos(\phi) + j\sin(\phi)$$

mit dem Realteil $\Re\left\{e^{j\phi}\right\} = \cos(\phi)$ und dem Imaginärteil $\Im\left\{e^{j\phi}\right\} = \sin(\phi)$ ist aufgrund der Periodizität der Cosinus- und Sinusfunktionen die Periodizität der harmonischen Funktion $e^{j\phi}$ mit der Periode 2π ersichtlich aus

$$e^{j(\phi + n \cdot 2\pi)} = \cos(\phi + n \cdot 2\pi) + j\sin(\phi + n \cdot 2\pi) = \cos(\phi) + j\sin(\phi) = e^{j\phi} \ .$$

Des Weiteren folgt für die komplexe Zahl $z = x + jy$ in Polarkoordinaten

$$z = \rho \cdot e^{j\phi} = \rho \cdot \cos(\phi) + j \cdot \rho \cdot \sin(\phi) \ .$$

Die Umrechnung zwischen kartesischen Koordinaten und Polarkoordinaten erfolgt entsprechend der Beziehungen

$$
\begin{aligned}
x &= \rho \cdot \cos(\phi) \ , \\
y &= \rho \cdot \sin(\phi)
\end{aligned}
$$

beziehungsweise

$$
\begin{aligned}
\rho &= \sqrt{x^2 + y^2} \ , \\
\tan(\phi) &= \frac{y}{x} \ ,
\end{aligned}
$$

wobei bei der Berechnung des Winkels ϕ die Vorzeichen von Realteil x und Imaginärteil y berücksichtigt werden müssen.

Aus der EULERschen Formel ergibt sich noch ein weiterer interessanter Zusammenhang zwischen der Exponentialfunktion und den Cosinus- und Sinusfunktionen. Für die Winkel ϕ und $-\phi$ gilt

$$e^{j\phi} = \cos(\phi) + j\sin(\phi) \ ,$$
$$e^{-j\phi} = \cos(\phi) - j\sin(\phi) \ .$$

Hieraus erhalten wir durch Auflösen nach $\cos(\phi)$ und $\sin(\phi)$ die folgenden Ausdrücke für die Cosinus- und Sinusfunktionen

$$\cos(\phi) = \frac{e^{j\phi} + e^{-j\phi}}{2} \ ,$$
$$\sin(\phi) = \frac{e^{j\phi} - e^{-j\phi}}{2j} \ .$$

2.3.3 Addition

Die Addition zweier komplexer Zahlen $z_1 = x_1 + jy_1$ und $z_2 = x_2 + jy_2$ geschieht getrennt nach Realteil und Imaginärteil gemäß

$$\begin{aligned} z_1 + z_2 &= (x_1 + jy_1) + (x_2 + jy_2) \\ &= x_1 + jy_1 + x_2 + jy_2 \\ &= (x_1 + x_2) + j(y_1 + y_2) \ . \end{aligned}$$

Es gilt somit in kartesischen Koordinaten

$$\Re\{z_1 + z_2\} = \Re\{z_1\} + \Re\{z_2\} \ ,$$
$$\Im\{z_1 + z_2\} = \Im\{z_1\} + \Im\{z_2\} \ .$$

2.3.4 Multiplikation

Die Multiplikation zweier komplexer Zahlen $z_1 = x_1 + jy_1$ und $z_2 = x_2 + jy_2$ berechnet sich durch Ausmultiplizieren unter Beachtung von $j^2 = -1$ gemäß

$$\begin{aligned} z_1 \cdot z_2 &= (x_1 + jy_1) \cdot (x_2 + jy_2) \\ &= x_1 \cdot x_2 + jy_1 \cdot x_2 + x_1 \cdot jy_2 + j^2 y_1 \cdot y_2 \\ &= x_1 \cdot x_2 + jy_1 \cdot x_2 + jx_1 \cdot y_2 - y_1 \cdot y_2 \\ &= (x_1 \cdot x_2 - y_1 \cdot y_2) + j(y_1 \cdot x_2 + x_1 \cdot y_2) \ . \end{aligned}$$

In kartesischen Koordinaten ergibt sich zusammengefasst

$$\Re\{z_1 \cdot z_2\} = \Re\{z_1\} \cdot \Re\{z_2\} - \Im\{z_1\} \cdot \Im\{z_2\} \quad,$$
$$\Im\{z_1 \cdot z_2\} = \Im\{z_1\} \cdot \Re\{z_2\} + \Re\{z_1\} \cdot \Im\{z_2\} \quad.$$

In Polarkoordinaten gestaltet sich die Multiplikation der beiden komplexen Zahlen $z_1 = \rho_1 \cdot e^{j\phi_1}$ und $z_2 = \rho_2 \cdot e^{j\phi_2}$ einfacher, wie die folgende Rechnung zeigt. Durch Ausnutzen der Fundamentaleigenschaft der Exponentialfunktion erhalten wir

$$\begin{aligned} z_1 \cdot z_2 &= \left(\rho_1 \cdot e^{j\phi_1}\right) \cdot \left(\rho_2 \cdot e^{j\phi_2}\right) \\ &= \rho_1 \cdot \rho_2 \cdot e^{j\phi_1} \cdot e^{j\phi_2} \\ &= \left(\rho_1 \cdot \rho_2\right) \cdot e^{j(\phi_1 + \phi_2)} \quad. \end{aligned}$$

Das Produkt $z = z_1 \cdot z_2 = \rho \cdot e^{j\phi}$ wird in Polarkoordinaten berechnet, indem die Beträge ρ_1 und ρ_2 multipliziert sowie die Winkel ϕ_1 und ϕ_2 addiert werden, das heißt es gilt

$$\rho = \rho_1 \cdot \rho_2 \quad,$$
$$\phi = \phi_1 + \phi_2 \quad.$$

2.3.5 Potenzierung

Wird die komplexe Zahl $z = x + jy = \rho \cdot e^{j\phi}$ zur n-ten Potenz z^n erhoben, so erhalten wir unter Verwendung der Darstellung in Polarkoordinaten

$$z^n = \rho^n \cdot e^{jn\phi}$$

mit dem Betrag ρ^n und dem Winkel $n\phi$.

2.3.6 Komplexe Konjugation

Für eine komplexe Zahl $z = x + jy$ stellt z^* die zugehörige *konjugiert komplexe Zahl*

$$z^* = x - jy$$

dar. Der Realteil x bleibt bei der komplexen Konjugation bestehen, während der Imaginärteil y sein Vorzeichen ändert.

Für die komplexe Konjugation ergibt sich für die komplexe Zahl in Polarkoordinaten $z = \rho \cdot e^{j\phi} = \rho \cdot \cos(\phi) + j \cdot \rho \cdot \sin(\phi)$ unter Zuhilfenahme der EULERschen Formel

$$\begin{aligned} z^* &= \rho \cdot \cos(\phi) - j \cdot \rho \cdot \sin(\phi) \\ &= \rho \cdot \cos(-\phi) + j \cdot \rho \cdot \sin(-\phi) \\ &= \rho \cdot e^{-j\phi} \quad. \end{aligned}$$

Bei der komplexen Konjugation ändert der Winkel ϕ aufgrund der Symmetrieeigenschaften der Cosinus- und Sinusfunktionen sein Vorzeichen, während der Betrag $\rho = |z|$ unverändert bleibt, das heißt es gilt

$$|z^*| = |z| \quad .$$

Des Weiteren folgt

$$z \cdot z^* = \rho \cdot e^{j\phi} \cdot \rho \cdot e^{-j\phi} = \rho^2 \cdot e^{j\phi - j\phi} = \rho^2 = |z|^2$$

und somit

$$|z| = \sqrt{z \cdot z^*} \quad .$$

Aus der komplexen Zahl z und der konjugiert komplexen Zahl z^* lassen sich der Realteil $x = \Re\{z\}$ und der Imaginärteil $y = \Im\{z\}$ ermitteln. Es gilt

$$z = x + jy \quad ,$$
$$z^* = x - jy \quad .$$

Hieraus folgen durch Auflösen nach $x = \Re\{z\}$ und $y = \Im\{z\}$ die Beziehungen

$$\Re\{z\} = \frac{z + z^*}{2} \quad ,$$
$$\Im\{z\} = \frac{z - z^*}{2j} \quad .$$

2.4 Vektoren und Matrizen

In diesem Abschnitt beschreiben wir Vektoren und Matrizen, wie sie im Folgenden für die Formulierung der diskreten FOURIER-Transformation in Matrixdarstellung verwendet werden.

2.4.1 Vektoren

Liegen N komplexe Zahlen $z(0), z(1), \ldots, z(N-1)$ vor, so werden diese Zahlen zu einem N-dimensionalen *Vektor*

$$z = \begin{pmatrix} z(0) \\ z(1) \\ \vdots \\ z(N-1) \end{pmatrix}$$

in dem N-dimensionalen komplexen Vektorraum $\mathbb{C}^N$ zusammengefasst. Einem solchen Vektor kann der *Vektorbetrag*

$$\|z\| = \sqrt{\sum_{k=0}^{N-1} |z(k)|^2} = \sqrt{|z(0)|^2 + |z(1)|^2 + \ldots + |z(N-1)|^2}$$

beziehungsweise der Quadrat des Vektorbetrags

$$\|z\|^2 = \sum_{k=0}^{N-1} |z(k)|^2 = |z(0)|^2 + |z(1)|^2 + \ldots + |z(N-1)|^2$$

zugeordnet werden. Der Vektorbetrag $\|z\|$ gibt hierbei die *Länge* des Vektors z an.

Eine häufige Operation auf Vektoren stellt die Vektoraddition dar. So wird die Addition der Vektoren

$$x = \begin{pmatrix} x(0) \\ x(1) \\ \vdots \\ x(N-1) \end{pmatrix} \quad \text{und} \quad y = \begin{pmatrix} y(0) \\ y(1) \\ \vdots \\ y(N-1) \end{pmatrix}$$

definiert als

$$z = x + y$$

entsprechend

$$\begin{pmatrix} z(0) \\ z(1) \\ \vdots \\ z(N-1) \end{pmatrix} = \begin{pmatrix} x(0) \\ x(1) \\ \vdots \\ x(N-1) \end{pmatrix} + \begin{pmatrix} y(0) \\ y(1) \\ \vdots \\ y(N-1) \end{pmatrix}$$

$$= \begin{pmatrix} x(0) + y(0) \\ x(1) + y(1) \\ \vdots \\ x(N-1) + y(N-1) \end{pmatrix} .$$

Die Vektoraddition erfolgt gemäß der komponentenweisen Addition

$$z(k) = x(k) + y(k)$$

für die Vektorkomponenten $z(k) \in \mathbb{C}$ mit dem Index $0 \leq k \leq N-1$.

Eine weitere wichtige Operation auf Vektoren stellt die innere Vektormultiplikation im Sinne des so genannten *Skalarprodukts* dar. Das Skalarprodukt $\langle x, y \rangle$ zweier komplexer Vektoren $x \in \mathbb{C}^N$ und $y \in \mathbb{C}^N$ ist definiert als

$$\langle x, y \rangle = \sum_{k=0}^{N-1} x(k) \cdot y^*(k)$$

$$= x(0) \cdot y^*(0) + x(1) \cdot y^*(1) + \ldots + x(N-1) \cdot y^*(N-1) \ .$$

2.4.2 Matrizen

Neben Vektoren stellen *Matrizen* wichtige Zusammenstellungen von komplexen Zahlen dar. Eine $N \times N$-Matrix A ist definiert als

$$
A = \begin{pmatrix}
a(0,0) & a(0,1) & \cdots & a(0,N-1) \\
a(1,0) & a(1,1) & \cdots & a(1,N-1) \\
\vdots & \vdots & \ddots & \vdots \\
a(N-1,0) & a(N-1,1) & \cdots & a(N-1,N-1)
\end{pmatrix}
$$

mit den N^2 komplexen Matrixkomponenten $a_{k,\ell} \in \mathbb{C}$ mit den Indizes $0 \leq k, \ell \leq N-1$. Eine solche $N \times N$-Matrix A kann mit einem N-dimensionalen Vektor x multipliziert werden entsprechend der Matrix-Vektor-Multiplikation

$$
y = A \cdot x
$$

beziehungsweise ausführlich

$$
\begin{pmatrix}
y(0) \\
y(1) \\
\vdots \\
y(N-1)
\end{pmatrix}
$$

$$
= \begin{pmatrix}
a(0,0) & a(0,1) & \cdots & a(0,N-1) \\
a(1,0) & a(1,1) & \cdots & a(1,N-1) \\
\vdots & \vdots & \ddots & \vdots \\
a(N-1,0) & a(N-1,1) & \cdots & a(N-1,N-1)
\end{pmatrix} \cdot \begin{pmatrix}
x(0) \\
x(1) \\
\vdots \\
x(N-1)
\end{pmatrix} .
$$

Die Vektorkomponenten $y(0), y(1), \ldots, y(N-1)$ werden durch Multiplikation der Zeilen der Matrix A mit dem spaltenweisen Vektor x berechnet gemäß

$$
y(0)
$$

$$
= (a(0,0), a(0,1), \ldots, a(0,N-1)) \cdot \begin{pmatrix}
x(0) \\
x(1) \\
\vdots \\
x(N-1)
\end{pmatrix}
$$

$$
= a(0,0) \cdot x(0) + a(0,1) \cdot x(1) + \ldots + a(0,N-1) \cdot x(N-1) ,
$$

$y(1)$

$$= (a(1,0), a(1,1), \ldots, a(1, N-1)) \cdot \begin{pmatrix} x(0) \\ x(1) \\ \vdots \\ x(N-1) \end{pmatrix}$$

$$= a(1,0) \cdot x(0) + a(1,1) \cdot x(1) + \ldots + a(1, N-1) \cdot x(N-1) \ ,$$

$\vdots$

$y(N-1)$

$$= (a(N-1,0), a(N-1,1), \ldots, a(N-1, N-1)) \cdot \begin{pmatrix} x(0) \\ x(1) \\ \vdots \\ x(N-1) \end{pmatrix}$$

$$= a(N-1,0) \cdot x(0) + a(N-1,1) \cdot x(1) + \ldots + a(N-1, N-1) \cdot x(N-1) \ .$$

Die Vektorkomponenten $y(k)$ ergeben sich somit aus

$$y(k) = a(k,0) \cdot x(0) + a(k,1) \cdot x(1) + \ldots + a(k, N-1) \cdot x(N-1)$$

$$= \sum_{\ell=0}^{N-1} a(k, \ell) \cdot x(\ell)$$

für den *Zeilenindex* $0 \le k \le N-1$ und den *Spaltenindex* $0 \le \ell \le N-1$.

Im Rahmen der Matrixdarstellung der diskreten FOURIER-Transformation kann die verwendete $N \times N$-Matrix $\boldsymbol{A}$ invertiert werden, um aus dem Vektor

$$\boldsymbol{y} = \boldsymbol{A} \cdot \boldsymbol{x}$$

den Vektor $\boldsymbol{x}$ zu bestimmen gemäß

$$\boldsymbol{x} = \boldsymbol{A}^{-1} \cdot \boldsymbol{y} \ .$$

Mit der $N \times N$-Einheitsmatrix

$$\boldsymbol{I}_N = \begin{pmatrix} 1 & 0 & \cdots & 0 \\ 0 & 1 & \cdots & 0 \\ \vdots & \vdots & \ddots & \vdots \\ 0 & 0 & \cdots & 1 \end{pmatrix}$$

gilt für die *Matrixinverse* $\boldsymbol{A}^{-1}$ der Matrix $\boldsymbol{A}$

$$\boldsymbol{A} \cdot \boldsymbol{A}^{-1} = \boldsymbol{A}^{-1} \cdot \boldsymbol{A} = \boldsymbol{I}_N \ .$$

2.5 Geometrische Reihe

Die so genannte endliche *geometrische Reihe* ist definiert als die Summe

$$S_N = \sum_{n=0}^{N-1} q^n = 1 + q^1 + q^2 + \ldots + q^{N-1}$$

mit der komplexen Zahl $q \in \mathbb{C}$ und $q^0 = 1$. Für $q = 1$ berechnet sich der Summenwert zu

$$S_N = \sum_{n=0}^{N-1} 1^n = 1 + 1^1 + 1^2 + \ldots + 1^{N-1} = N \ .$$

Im Fall $q \neq 1$ ergibt sich

$$\begin{aligned}
S_N &= 1 + q + q^2 + \ldots + q^{N-1} \\
&= 1 + q + q^2 + \ldots + q^{N-1} + q^N - q^N \\
&= 1 + q \cdot \left(1 + q + q^2 + \ldots + q^{N-1}\right) - q^N \\
&= 1 + q \cdot S_N - q^N \ .
\end{aligned}$$

Hieraus folgt durch Ausklammern von S_N auf der linken Seite der Gleichung

$$S_N - q \cdot S_N = 1 - q^N$$

für $q \neq 1$ die geometrische Reihe

$$S_N = \sum_{n=0}^{N-1} q^n = \frac{1 - q^N}{1 - q} \ .$$

Die Formel für die geometrische Reihe wird uns bei einer Vielzahl von Herleitungen im Zusammenhang mit der diskreten FOURIER-Transformation von Nutzen sein.

Definition der DFT

In Kap. 2 haben wir die für die diskrete FOURIER-Transformation wichtigen mathematischen Strukturen wie komplexe Zahlen, Vektoren und Matrizen sowie die geometrische Reihe kennen gelernt. Mit Hilfe dieser mathematischen Grundlagen wenden wir uns in diesem Kapitel der Definition der diskreten FOURIER-Transformation zu [3, 14, 18, 19, 25].

3.1   Transformationsformeln

3.1.1   Hintransformation

Die *diskrete FOURIER-Transformation* (*DFT – Discrete FOURIER Transform*) ordnet der finiten Signalfolge im Originalbereich

$$\{x(k)\}_{0 \le k \le N-1} = \{x(0), x(1), \ldots, x(N-1)\}$$

der Länge N mit dem Index $0 \le k \le N-1$ die finite Spektralfolge im Spektralbereich

$$\{X(\ell)\}_{0 \le \ell \le N-1} = \{X(0), X(1), \ldots, X(N-1)\}$$

bestehend aus N Spektralwerten mit dem Index $0 \le \ell \le N-1$ zu. Die Transformationsvorschrift lautet

$$X(\ell) = \sum_{k=0}^{N-1} x(k) \cdot e^{-j2\pi k \ell / N} \quad . \tag{3.1}$$

Für diese *Hintransformation* schreiben wir im Folgenden häufig symbolisch

$$X(\ell) = \text{DFT}\{x(k)\} \quad .$$

In Abb. 3.1 ist die diskrete FOURIER-Transformation DFT veranschaulicht.

A. Neubauer, *DFT – Diskrete Fourier-Transformation*, DOI 10.1007/978-3-8348-1997-0_3,
© Vieweg+Teubner Verlag | Springer Fachmedien Wiesbaden 2012

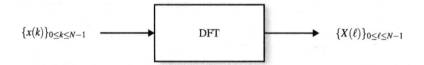

Abb. 3.1 Diskrete FOURIER-Transformation DFT der Signalfolge $\{x(k)\}_{0\leq k\leq N-1}$ in die Spektralfolge $\{X(\ell)\}_{0\leq\ell\leq N-1}$

Abb. 3.2 Reelle Signalfolge $\{x(k)\}_{0\leq k\leq N-1}$

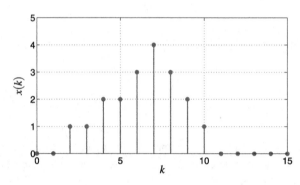

Abb. 3.3 Komplexe Spektralfolge $\{X(\ell)\}_{0\leq\ell\leq N-1}$ in kartesischen Koordinaten

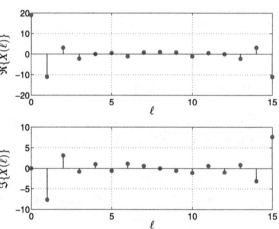

Die finite Signalfolge ist im Allgemeinen komplex $x(k) \in \mathbb{C}$ gemäß

$$x(k) = \mathfrak{R}\{x(k)\} + j\mathfrak{I}\{x(k)\} \ .$$

In praktischen Anwendungen ist die finite Signalfolge häufig reell $x(k) \in \mathbb{R}$. Die finite Spektralfolge ist auch für reelle Signalfolgen in der Regel komplex $X(\ell) \in \mathbb{C}$. In kartesischen Koordinaten und in Polarkoordinaten lautet die Spektralfolge

$$X(\ell) = \mathfrak{R}\{X(\ell)\} + j\mathfrak{I}\{X(\ell)\} = |X(\ell)| \cdot e^{j\phi(\ell)}$$

Abb. 3.4 Komplexe Spektralfolge $\{X(\ell)\}_{0 \le \ell \le N-1}$ in Polarkoordinaten

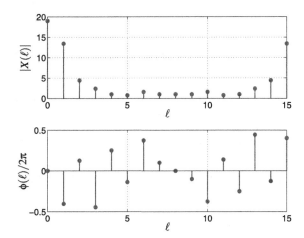

mit dem Betrag $|X(\ell)|$ und dem Winkel $\phi(\ell)$. Abbildung 3.2 zeigt das Beispiel einer reellen finiten Signalfolge $\{x(k)\}_{0 \le k \le N-1}$ für $N = 16$, während Abb. 3.3 und Abb. 3.4 die zugehörige finite Spektralfolge $\{X(\ell)\}_{0 \le \ell \le N-1}$ in kartesischen Koordinaten und Polarkoordinaten darstellen.

3.1.2 Rücktransformation

Aus der finiten Spektralfolge $\{X(\ell)\}_{0 \le \ell \le N-1}$ der Länge N lässt sich die ursprüngliche finite Signalfolge $\{x(k)\}_{0 \le k \le N-1}$ zurückgewinnen. Zur Herleitung der Formel für die *Rücktransformation* bilden wir die Summe

$$\sum_{\ell=0}^{N-1} X(\ell) \cdot e^{j2\pi k\ell/N} = \sum_{\ell=0}^{N-1} \left(\sum_{\kappa=0}^{N-1} x(\kappa) \cdot e^{-j2\pi\kappa\ell/N} \right) \cdot e^{j2\pi k\ell/N}$$

$$= \sum_{\ell=0}^{N-1} \sum_{\kappa=0}^{N-1} x(\kappa) \cdot e^{j2\pi(k-\kappa)\ell/N} \quad .$$

Nach Vertauschen der Summationsreihenfolge und Ausklammern des nicht von dem Summationsindex ℓ abhängigen Wertes $x(\kappa)$ erhalten wir

$$\sum_{\ell=0}^{N-1} X(\ell) \cdot e^{j2\pi k\ell/N} = \sum_{\kappa=0}^{N-1} \sum_{\ell=0}^{N-1} x(\kappa) \cdot e^{j2\pi(k-\kappa)\ell/N} = \sum_{\kappa=0}^{N-1} x(\kappa) \sum_{\ell=0}^{N-1} e^{j2\pi(k-\kappa)\ell/N} \quad .$$

Für die innere Summe $\sum_{\ell=0}^{N-1} e^{j2\pi(k-\kappa)\ell/N}$ gilt für den Fall $k = \kappa$

$$\sum_{\ell=0}^{N-1} e^{j2\pi(k-\kappa)\ell/N} = \sum_{\ell=0}^{N-1} e^{j2\pi \cdot 0 \cdot \ell/N} = \sum_{\ell=0}^{N-1} 1 = N \quad .$$

Im Fall von $k \neq \kappa$ folgt die Beziehung

$$
\begin{aligned}
\sum_{\ell=0}^{N-1} e^{j2\pi(k-\kappa)\ell/N} &= \sum_{\ell=0}^{N-1} \left(e^{j2\pi(k-\kappa)/N} \right)^{\ell} \\
&= \frac{1 - \left(e^{j2\pi(k-\kappa)/N} \right)^{N}}{1 - e^{j2\pi(k-\kappa)/N}} \\
&= \frac{1 - e^{j2\pi(k-\kappa)N/N}}{1 - e^{j2\pi(k-\kappa)/N}} \\
&= \frac{1 - e^{j2\pi(k-\kappa)}}{1 - e^{j2\pi(k-\kappa)/N}} \\
&= \frac{1 - 1}{1 - e^{j2\pi(k-\kappa)/N}} \\
&= 0
\end{aligned}
$$

mit der geometrischen Reihe $\sum_{\ell=0}^{N-1} q^{\ell} = (1 - q^{N})/(1 - q)$ und $q = e^{j2\pi(k-\kappa)/N} \neq 1$. Insgesamt gilt zusammengefasst die Fallunterscheidung

$$
\sum_{\ell=0}^{N-1} e^{j2\pi(k-\kappa)\ell/N} = \left\{ \begin{array}{ll} N, & k = \kappa \\ 0\,, & k \neq \kappa \end{array} \right. .
$$

Daraus ergibt sich

$$
\begin{aligned}
\sum_{\ell=0}^{N-1} X(\ell) \cdot e^{j2\pi k\ell/N} &= \sum_{\kappa=0}^{N-1} x(\kappa) \sum_{\ell=0}^{N-1} e^{j2\pi(k-\kappa)\ell/N} \\
&= x(k) \cdot N + \sum_{\kappa \neq k} x(\kappa) \cdot 0 \\
&= x(k) \cdot N
\end{aligned}
$$

und somit die Rücktransformationsformel der diskreten FOURIER-Transformation

$$
x(k) = \frac{1}{N} \sum_{\ell=0}^{N-1} X(\ell) \cdot e^{j2\pi k\ell/N} \,. \tag{3.2}
$$

Diese Rücktransformation der DFT wird im Folgenden häufig symbolisch abgekürzt mit der Formel

$$
x(k) = \mathrm{IDFT}\left\{ X(\ell) \right\}
$$

(IDFT – Inverse Discrete FOURIER Transform). Abbildung 3.5 veranschaulicht die inverse diskrete FOURIER-Transformation IDFT.

Die Abbildung zwischen der finiten Signalfolge $\{x(k)\}_{0 \leq k \leq N-1}$ im Originalbereich und der Spektralfolge $\{X(\ell)\}_{0 \leq \ell \leq N-1}$ im Spektralbereich wird für die diskrete FOURIER-Transformation insgesamt durch die folgenden Transformationsgleichungen beschrieben.[1]

---

[1] Zu beachten ist, dass innerhalb der Summenausdrücke anstelle der Summationsindizes k und ℓ auch andere Summationsindizes wie beispielsweise κ und λ verwendet werden können.

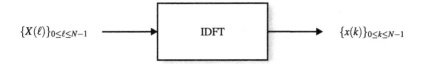

Abb. 3.5 Inverse diskrete FOURIER-Transformation IDFT der Spektralfolge $\{X(\ell)\}_{0\le\ell\le N-1}$ in die Signalfolge $\{x(k)\}_{0\le k\le N-1}$

$$X(\ell) = \sum_{k=0}^{N-1} x(k) \cdot e^{-j2\pi k\ell/N}$$

$$x(k) = \frac{1}{N} \sum_{\ell=0}^{N-1} X(\ell) \cdot e^{j2\pi k\ell/N} \tag{3.3}$$

Das Symbol „ $\circ\!\!-\!\!\bullet$ " (in Worten „korrespondiert") wird in diesem Buch im Folgenden für die Transformation der diskreten FOURIER-Transformation verwendet, wobei der offene Kreis dem (hellen) Originalbereich und der gefüllte Kreis dem (dunklen) Spektralbereich entsprechen.

Die Berechnung der Rücktransformation der diskreten FOURIER-Transformation kann auf die Hintransformation zurückgeführt werden. So gilt mittels der komplexen Konjugation

$$x(k) = \text{IDFT}\{X(\ell)\} = \frac{1}{N} \sum_{\ell=0}^{N-1} X(\ell) \cdot e^{j2\pi k\ell/N} = \frac{1}{N} \left(\sum_{\ell=0}^{N-1} X^*(\ell) \cdot e^{-j2\pi k\ell/N} \right)^* .$$

Werden in der Hintransformation

$$X(\ell) = \text{DFT}\{x(k)\} = \sum_{k=0}^{N-1} x(k) \cdot e^{-j2\pi k\ell/N}$$

die Indizes k und ℓ vertauscht, so folgt mit

$$\text{DFT}\{X^*(\ell)\} = \sum_{\ell=0}^{N-1} X^*(\ell) \cdot e^{-j2\pi k\ell/N}$$

die Beziehung

$$x(k) = \text{IDFT}\{X(\ell)\} = \frac{1}{N} \left(\text{DFT}\{X^*(\ell)\} \right)^* . \tag{3.4}$$

Die Rücktransformation der finiten Spektralfolge $\{X(\ell)\}_{0\le\ell\le N-1}$ in die finite Signalfolge $\{x(k)\}_{0\le k\le N-1}$ kann für die inverse diskrete FOURIER-Transformation folgendermaßen berechnet werden. Zu diesem Zweck wird die diskrete FOURIER-Transformation

DFT $\{X^*(\ell)\}$ der konjugiert komplexen Spektralfolge ermittelt, die resultierende Signalfolge komplex konjugiert und durch den Faktor N dividiert.

3.2 Analyse und Synthese

In den angegebenen Transformationsformeln der diskreten FOURIER-Transformation für die Hin- und Rücktransformation erscheinen die komplexen Ausdrücke

$$e^{\pm j2\pi k\ell/N} = \cos\left(\frac{2\pi k\ell}{N}\right) \pm j\sin\left(\frac{2\pi k\ell}{N}\right) \ .$$

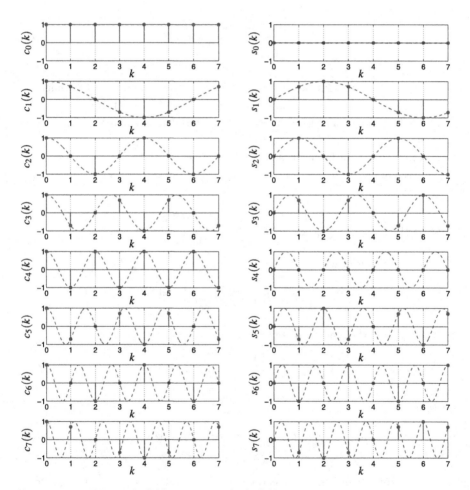

Abb. 3.6 Signalfolgen $\{c_\ell(k)\}_{0\leq k\leq N-1}$ und $\{s_\ell(k)\}_{0\leq k\leq N-1}$ für die diskrete FOURIER-Transformation der Länge $N = 8$

Für einen festen Index ℓ mit $0 \leq \ell \leq N-1$ fassen wir $e^{j2\pi k\ell/N}$ als ℓ. komplexe Signalfolge

$$w_\ell(k) = e^{j2\pi k\ell/N} = \cos\left(\frac{2\pi k\ell}{N}\right) + j\sin\left(\frac{2\pi k\ell}{N}\right)$$

auf, die von dem unabhängigen Index k mit $0 \leq k \leq N-1$ abhängt.

Mit Hilfe der EULERschen Formel ergeben sich die in Abb. 3.6 beispielsweise dargestellten $N = 8$ komplexen Signalfolgen

$$w_\ell(k) = c_\ell(k) + js_\ell(k)$$

mit dem cosinusförmigen Realteil

$$c_\ell(k) = \Re\{w_\ell(k)\} = \Re\left\{e^{j2\pi k\ell/N}\right\} = \cos\left(\frac{2\pi k\ell}{N}\right)$$

und dem sinusförmigen Imaginärteil

$$s_\ell(k) = \Im\{w_\ell(k)\} = \Im\left\{e^{j2\pi k\ell/N}\right\} = \sin\left(\frac{2\pi k\ell}{N}\right)$$

mit $0 \leq k, \ell \leq N-1$.

3.2.1 Hintransformation

Unter Verwendung der finiten Signalfolgen $\{w_\ell(k)\}_{0\leq k\leq N-1}$ mit den komplexen Signalwerten $w_\ell(k) = c_\ell(k) + js_\ell(k)$ und $0 \leq \ell \leq N-1$ kann die Hintransformation der diskreten FOURIER-Transformation folgendermaßen geschrieben werden.

$$X(\ell) = \sum_{k=0}^{N-1} x(k) \cdot e^{-j2\pi k\ell/N} = \sum_{k=0}^{N-1} x(k) \cdot w_\ell^*(k) = \sum_{k=0}^{N-1} x(k) \cdot [c_\ell(k) - js_\ell(k)]$$

In dieser Formulierung wird die komplexe Konjugation

$$e^{-j2\pi k\ell/N} = \left(e^{j2\pi k\ell/N}\right)^* = w_\ell^*(k) = c_\ell(k) - js_\ell(k)$$

von $w_\ell(k)$ verwendet. Der in der DFT-Hintransformationsformel auftretende Ausdruck $\sum_{k=0}^{N-1} x(k) \cdot w_\ell^*(k)$ entspricht dem im Kap. 2 definierten Skalarprodukt. Mit diesem Skalarprodukt wird ermittelt, mit welchem Anteil die komplexe Signalfolge $\{w_\ell(k)\}_{0\leq k\leq N-1}$ beziehungsweise die cosinusförmigen und sinusförmigen Signalfolgen $\{c_\ell(k)\}_{0\leq k\leq N-1}$ und

$\{s_\ell(k)\}_{0 \le k \le N-1}$ in der finiten Signalfolge $\{x(k)\}_{0 \le k \le N-1}$ auftreten. Die Bestimmung der Spektralwerte $X(\ell)$ mit $0 \le \ell \le N-1$ liefert die spektrale *Analyse* der Signalfolge auf Basis der diskreten FOURIER-Transformation.

3.2.2   Rücktransformation

Die Rücktransformation der diskreten FOURIER-Transformation lautet mit den komplexen Signalfolgen $\{w_\ell(k)\}_{0 \le k \le N-1}$ mit $w_\ell(k) = c_\ell(k) + js_\ell(k)$ und $0 \le \ell \le N-1$ wie folgt.

$$x(k) = \frac{1}{N} \sum_{\ell=0}^{N-1} X(\ell) \cdot e^{j2\pi k \ell/N} = \frac{1}{N} \sum_{\ell=0}^{N-1} X(\ell) \cdot w_\ell(k) = \frac{1}{N} \sum_{\ell=0}^{N-1} X(\ell) \cdot [c_\ell(k) + js_\ell(k)]$$

Die finite Signalfolge $\{x(k)\}_{0 \le k \le N-1}$ ergibt sich aus der Überlagerung oder *Superposition* der mit den Spektralwerten $X(\ell)$ der finiten Spektralfolge $\{X(\ell)\}_{0 \le \ell \le N-1}$ gewichteten cosinusförmigen und sinusförmigen Signalfolgen $\{c_\ell(k)\}_{0 \le k \le N-1}$ und $\{s_\ell(k)\}_{0 \le k \le N-1}$. Diese Operation entspricht der *Synthese* der Signalfolge auf Basis der Spektralfolge mit Hilfe der diskreten FOURIER-Transformation.

3.3   Periodizität

Die Definition der diskreten FOURIER-Transformation basiert auf einer finiten Signalfolge $\{x(k)\}_{0 \le k \le N-1}$ und einer finiten Spektralfolge $\{X(\ell)\}_{0 \le \ell \le N-1}$, die jeweils aus N komplexen Werten bestehen. Bei der Herleitung der Eigenschaften und Korrespondenzen der diskreten FOURIER-Transformation in den folgenden Kapiteln ist es hilfreich, die Indizes k und ℓ im Originalbereich und im Spektralbereich auf die Menge $\mathbb{Z}$ der ganzen Zahlen auszudehnen. Wie sich im Folgenden zeigen wird, sind die auf diese Indexmenge erweiterten Signalfolge $\{x(k)\}_{-\infty < k < \infty}$ und Spektralfolge $\{X(\ell)\}_{-\infty < \ell < \infty}$ jeweils periodisch mit der Periode N.

3.3.1   Periodizität der Spektralfolge

Ausgehend von der Formel für die Hintransformation der diskreten FOURIER-Transformation

$$X(\ell) = \text{DFT}\{x(k)\} = \sum_{k=0}^{N-1} x(k) \cdot e^{-j2\pi k \ell/N}$$

mit $0 \leq \ell \leq N - 1$ erweitern wir den Indexbereich im Spektralbereich auf $\ell \in \mathbb{Z}$ und setzen probeweise für ℓ den Index $\ell + N$ ein. Daraus ergibt sich

$$X(\ell + N) = \sum_{k=0}^{N-1} x(k) \cdot e^{-j2\pi k(\ell+N)/N}$$

$$= \sum_{k=0}^{N-1} x(k) \cdot e^{-j2\pi k\ell/N} \cdot e^{-j2\pi kN/N}$$

$$= \sum_{k=0}^{N-1} x(k) \cdot e^{-j2\pi k\ell/N} \cdot e^{-j2\pi k}$$

$$= \sum_{k=0}^{N-1} x(k) \cdot e^{-j2\pi k\ell/N}$$

$$= X(\ell)$$

aufgrund der 2π-Periodizität der harmonischen Funktion $e^{-j\phi}$. Die auf die Indexmenge $\mathbb{Z}$ der ganzen Zahlen erweiterte Spektralfolge $\{X(\ell)\}_{-\infty < \ell < \infty}$ ist somit periodisch mit der Periode N gemäß

$$X(\ell + N) = X(\ell) \ . \tag{3.5}$$

In den Abb. 3.7 und 3.8 ist die periodische Fortsetzung der finiten Spektralfolge $\{X(\ell)\}_{0 \leq \ell \leq N-1}$ für $N = 16$ in kartesischen Koordinaten und in Polarkoordinaten veranschaulicht.

Abb. 3.7 Periodische Fortsetzung der finiten Spektralfolge $\{X(\ell)\}_{0 \leq \ell \leq N-1}$ in kartesischen Koordinaten

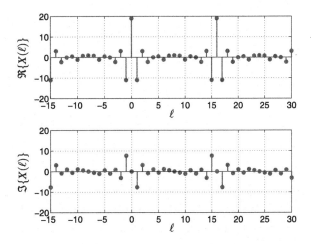

Abb. 3.8 Periodische Fortsetzung der finiten Spektralfolge $\{X(\ell)\}_{0\le\ell\le N-1}$ in Polarkoordinaten

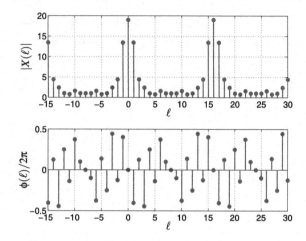

3.3.2 Periodizität der Signalfolge

Wie im Fall der Hintransformation gehen wir nun von der Berechnungsvorschrift für die Rücktransformation der diskreten FOURIER-Transformation

$$x(k) = \text{IDFT}\{X(\ell)\} = \frac{1}{N}\sum_{\ell=0}^{N-1} X(\ell) \cdot e^{j2\pi k\ell/N}$$

mit $0 \le k \le N-1$ aus und erweitern den Indexbereich im Originalbereich auf die Menge der ganzen Zahlen $k \in \mathbb{Z}$. Durch probeweises Ersetzen von k durch den Index $k + N$ erhalten wir

$$x(k+N) = \frac{1}{N}\sum_{\ell=0}^{N-1} X(\ell) \cdot e^{j2\pi(k+N)\ell/N}$$

$$= \frac{1}{N}\sum_{\ell=0}^{N-1} X(\ell) \cdot e^{j2\pi k\ell/N} \cdot e^{j2\pi N\ell/N}$$

$$= \frac{1}{N}\sum_{\ell=0}^{N-1} X(\ell) \cdot e^{j2\pi k\ell/N} \cdot e^{j2\pi\ell}$$

$$= \frac{1}{N}\sum_{\ell=0}^{N-1} X(\ell) \cdot e^{j2\pi k\ell/N}$$

$$= x(k)$$

erneut aufgrund der 2π-Periodizität der harmonischen Funktion $e^{j\phi}$. Die auf die Indexmenge $\mathbb{Z}$ der ganzen Zahlen erweiterte Signalfolge $\{x(k)\}_{-\infty<k<\infty}$ ist wie die Spektralfolge $\{X(\ell)\}_{-\infty<\ell<\infty}$ periodisch mit der Periode N gemäß

Abb. 3.9 Periodische Fortsetzung der finiten Signalfolge $\{x(k)\}_{0 \le k \le N-1}$

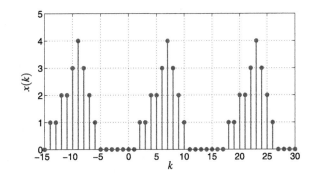

$$x(k+N) = x(k) \ . \tag{3.6}$$

Die periodische Fortsetzung der finiten Signalfolge $\{x(k)\}_{0 \le k \le N-1}$ ist für $N = 16$ in Abb. 3.9 veranschaulicht.

Alternativ kann die N-Periodizität der Signalfolge $x(k) = x(k+N)$ und der Spektralfolge $X(\ell) = X(\ell + N)$ mit Hilfe der *modulo*-Rechnung wie folgt für ganzzahlige Indizes $k, \ell \in \mathbb{Z}$ formuliert werden.

$$x(k) = x(k \bmod N) \tag{3.7}$$
$$X(\ell) = X(\ell \bmod N) \tag{3.8}$$

3.4 Matrixdarstellung der DFT

Zur kompakteren Darstellung der diskreten FOURIER-Transformation wird ein so genannter *Drehfaktor*

$$w_N = e^{-j2\pi/N} = \cos\left(\frac{2\pi}{N}\right) - j\sin\left(\frac{2\pi}{N}\right) \tag{3.9}$$

eingeführt. Unter Verwendung dieses Drehfaktors mit

$$e^{-j2\pi k\ell/N} = \left(e^{-j2\pi/N}\right)^{k\ell} = w_N^{k\ell} \ ,$$

$$e^{j2\pi k\ell/N} = \left(e^{-j2\pi/N}\right)^{-k\ell} = w_N^{-k\ell}$$

schreiben wir die DFT-Transformationsgleichungen wie folgt.

Abb. 3.10 Komplexer Drehfaktor $w_N = \mathrm{e}^{-\mathrm{j}2\pi/N}$

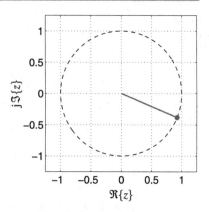

$$X(\ell) = \sum_{k=0}^{N-1} x(k) \cdot w_N^{k\ell}$$

$$\circ\!\!\!-\!\!\!\bullet \qquad\qquad (3.10)$$

$$x(k) = \frac{1}{N} \sum_{\ell=0}^{N-1} X(\ell) \cdot w_N^{-k\ell}$$

Der in Abb. 3.10 veranschaulichte Drehfaktor w_N besitzt reichhaltige Symmetrieeigenschaften. So gelten beispielsweise die folgenden Beziehungen.

$$
\begin{aligned}
w_N^{N} &= \left(\mathrm{e}^{-\mathrm{j}2\pi/N}\right)^{N} &&= \mathrm{e}^{-\mathrm{j}2\pi N/N} &&= \mathrm{e}^{-\mathrm{j}2\pi} &&= 1 \\
w_N^{N/4} &= \left(\mathrm{e}^{-\mathrm{j}2\pi/N}\right)^{N/4} &&= \mathrm{e}^{-\mathrm{j}2\pi N/(4N)} &&= \mathrm{e}^{-\mathrm{j}\pi/2} &&= -\mathrm{j} \\
w_N^{N/2} &= \left(\mathrm{e}^{-\mathrm{j}2\pi/N}\right)^{N/2} &&= \mathrm{e}^{-\mathrm{j}2\pi N/(2N)} &&= \mathrm{e}^{-\mathrm{j}\pi} &&= -1 \\
w_N^{3N/4} &= \left(\mathrm{e}^{-\mathrm{j}2\pi/N}\right)^{3N/4} &&= \mathrm{e}^{-\mathrm{j}2\pi 3N/(4N)} &&= \mathrm{e}^{-\mathrm{j}3\pi/2} &&= \mathrm{j}
\end{aligned}
$$

3.4.1 Hintransformation

Zur Herleitung einer Matrixdarstellung der DFT-Hintransformation der diskreten Fourier-Transformation kann die Spektralfolge wie folgt formuliert werden.

$$
\begin{aligned}
X(\ell) &= \sum_{k=0}^{N-1} x(k) \cdot w_N^{k\ell} \\
&= \sum_{k=0}^{N-1} w_N^{\ell k} \cdot x(k)
\end{aligned}
$$

$$= w_N^{\ell \cdot 0} \cdot x(0) + w_N^{\ell \cdot 1} \cdot x(1) + \ldots + w_N^{\ell \cdot (N-1)} \cdot x(N-1)$$

$$= \left(w_N^{\ell \cdot 0}, w_N^{\ell \cdot 1}, \ldots, w_N^{\ell \cdot (N-1)} \right) \cdot \begin{pmatrix} x(0) \\ x(1) \\ \vdots \\ x(N-1) \end{pmatrix}$$

Mit dem N-dimensionalen Vektor für die finite Signalfolge $\{x(k)\}_{0 \le k \le N-1}$

$$x = \begin{pmatrix} x(0) \\ x(1) \\ \vdots \\ x(N-1) \end{pmatrix} \tag{3.11}$$

erhalten wir

$$X(\ell) = \left(w_N^{\ell \cdot 0}, w_N^{\ell \cdot 1}, \ldots, w_N^{\ell \cdot (N-1)} \right) \cdot x \ .$$

Für den Index $0 \le \ell \le N-1$ folgt hiermit für die finite Spektralfolge

$$X(0) = \left(w_N^{0 \cdot 0}, w_N^{0 \cdot 1}, \ldots, w_N^{0 \cdot (N-1)} \right) \cdot x \ ,$$

$$X(1) = \left(w_N^{1 \cdot 0}, w_N^{1 \cdot 1}, \ldots, w_N^{1 \cdot (N-1)} \right) \cdot x \ ,$$

$$\vdots$$

$$X(N-1) = \left(w_N^{(N-1) \cdot 0}, w_N^{(N-1) \cdot 1}, \ldots, w_N^{(N-1) \cdot (N-1)} \right) \cdot x$$

beziehungsweise vereinfacht

$$X(0) = (1, 1, \ldots, 1) \cdot x \ ,$$

$$X(1) = \left(1, w_N^{1 \cdot 1}, \ldots, w_N^{1 \cdot (N-1)} \right) \cdot x \ ,$$

$$\vdots$$

$$X(N-1) = \left(1, w_N^{(N-1) \cdot 1}, \ldots, w_N^{(N-1) \cdot (N-1)} \right) \cdot x \ .$$

Diese N Gleichungen können mit Hilfe des N-dimensionalen Vektors

$$X = \begin{pmatrix} X(0) \\ X(1) \\ \vdots \\ X(N-1) \end{pmatrix} \tag{3.12}$$

für die finite Spektralfolge $\{X(\ell)\}_{0 \le \ell \le N-1}$ formuliert werden gemäß

$$X = \begin{pmatrix} 1 & 1 & \cdots & 1 \\ 1 & w_N^{1 \cdot 1} & \cdots & w_N^{1 \cdot (N-1)} \\ \vdots & \vdots & \ddots & \vdots \\ 1 & w_N^{(N-1) \cdot 1} & \cdots & w_N^{(N-1) \cdot (N-1)} \end{pmatrix} \cdot x \; .$$

Mit Hilfe der $N \times N$-Transformationsmatrix

$$W_N = \begin{pmatrix} 1 & 1 & \cdots & 1 \\ 1 & w_N^{1 \cdot 1} & \cdots & w_N^{1 \cdot (N-1)} \\ \vdots & \vdots & \ddots & \vdots \\ 1 & w_N^{(N-1) \cdot 1} & \cdots & w_N^{(N-1) \cdot (N-1)} \end{pmatrix} \tag{3.13}$$

beziehungsweise abgekürzt mit dem Zeilenindex $0 \le \ell \le N-1$ und dem Spaltenindex $0 \le k \le N-1$

$$W_N = \left(w_N^{\ell k} \right)_{0 \le k, \ell \le N-1}$$

kann die Hintransformation der diskreten FOURIER-Transformation als Matrix-Vektor-Multiplikation wie folgt geschrieben werden.

$$X = W_N \cdot x \tag{3.14}$$

In ausführlicher Matrixdarstellung gilt

$$\begin{pmatrix} X(0) \\ X(1) \\ \vdots \\ X(N-1) \end{pmatrix} = \begin{pmatrix} 1 & 1 & \cdots & 1 \\ 1 & w_N^{1 \cdot 1} & \cdots & w_N^{1 \cdot (N-1)} \\ \vdots & \vdots & \ddots & \vdots \\ 1 & w_N^{(N-1) \cdot 1} & \cdots & w_N^{(N-1) \cdot (N-1)} \end{pmatrix} \begin{pmatrix} x(0) \\ x(1) \\ \vdots \\ x(N-1) \end{pmatrix} \; .$$

Die Transformationsmatrix W_N ist wegen

$$w_N^{\ell k} = w_N^{k \ell}$$

durch Vertauschen der Zeilen und Spalten von W_N symmetrisch.

3.4.2 Rücktransformation

Zur Herleitung einer Matrixdarstellung der DFT-Rücktransformation der diskreten FOURI-ER-Transformation formulieren wir die Signalfolge wie bei der Hintransformation folgendermaßen.

$$x(k) = \frac{1}{N} \sum_{\ell=0}^{N-1} X(\ell) \cdot w_N^{-k\ell}$$

$$= \frac{1}{N} \sum_{\ell=0}^{N-1} w_N^{-k\ell} \cdot X(\ell)$$

$$= \frac{1}{N} \cdot w_N^{-k\cdot 0} \cdot X(0) + \frac{1}{N} \cdot w_N^{-k\cdot 1} \cdot X(1) + \ldots + \frac{1}{N} \cdot w_N^{-k\cdot(N-1)} \cdot X(N-1)$$

$$= \frac{1}{N} \cdot \left(w_N^{-k\cdot 0}, w_N^{-k\cdot 1}, \ldots, w_N^{-k\cdot(N-1)} \right) \cdot \begin{pmatrix} X(0) \\ X(1) \\ \vdots \\ X(N-1) \end{pmatrix}$$

$$= \frac{1}{N} \cdot \left(w_N^{-k\cdot 0}, w_N^{-k\cdot 1}, \ldots, w_N^{-k\cdot(N-1)} \right) \cdot \boldsymbol{X}$$

Für den Index $0 \le k \le N-1$ folgt hiermit für die finite Signalfolge

$$x(0) = \frac{1}{N} \cdot \left(w_N^{-0\cdot 0}, w_N^{-0\cdot 1}, \ldots, w_N^{-0\cdot(N-1)} \right) \cdot \boldsymbol{X} ,$$

$$x(1) = \frac{1}{N} \cdot \left(w_N^{-1\cdot 0}, w_N^{-1\cdot 1}, \ldots, w_N^{-1\cdot(N-1)} \right) \cdot \boldsymbol{X} ,$$

$$\vdots$$

$$x(N-1) = \frac{1}{N} \cdot \left(w_N^{-(N-1)\cdot 0}, w_N^{-(N-1)\cdot 1}, \ldots, w_N^{-(N-1)\cdot(N-1)} \right) \cdot \boldsymbol{X}$$

beziehungsweise wieder vereinfacht

$$x(0) = \frac{1}{N} \cdot (1, 1, \ldots, 1) \cdot \boldsymbol{X} ,$$

$$x(1) = \frac{1}{N} \cdot \left(1, w_N^{-1\cdot 1}, \ldots, w_N^{-1\cdot(N-1)} \right) \cdot \boldsymbol{X} ,$$

$$\vdots$$

$$x(N-1) = \frac{1}{N} \cdot \left(1, w_N^{-(N-1)\cdot 1}, \ldots, w_N^{-(N-1)\cdot(N-1)} \right) \cdot \boldsymbol{X} .$$

Unter erneuter Verwendung des N-dimensionalen Signalvektors $\boldsymbol{x}$ folgt

$$\boldsymbol{x} = \frac{1}{N} \cdot \begin{pmatrix} 1 & 1 & \cdots & 1 \\ 1 & w_N^{-1\cdot 1} & \cdots & w_N^{-1\cdot(N-1)} \\ \vdots & \vdots & \ddots & \vdots \\ 1 & w_N^{-(N-1)\cdot 1} & \cdots & w_N^{-(N-1)\cdot(N-1)} \end{pmatrix} \cdot \boldsymbol{X} .$$

Die Inverse w_N^{-1} des Drehfaktors

$$w_N^{-1} = \left(e^{-j2\pi/N} \right)^{-1} = e^{j2\pi/N} = \left(e^{-j2\pi/N} \right)^* = w_N^*$$

entspricht der komplexen Konjugation w_N^* des Drehfaktors w_N, so dass gilt

$$
x = \frac{1}{N} \cdot \begin{pmatrix} 1 & 1 & \cdots & 1 \\ 1 & w_N^{-1 \cdot 1} & \cdots & w_N^{-1 \cdot (N-1)} \\ \vdots & \vdots & \ddots & \vdots \\ 1 & w_N^{-(N-1) \cdot 1} & \cdots & w_N^{-(N-1) \cdot (N-1)} \end{pmatrix} \cdot X
$$

$$
= \frac{1}{N} \cdot \begin{pmatrix} 1 & 1 & \cdots & 1 \\ 1 & \left(w_N^{1 \cdot 1} \right)^* & \cdots & \left(w_N^{1 \cdot (N-1)} \right)^* \\ \vdots & \vdots & \ddots & \vdots \\ 1 & \left(w_N^{(N-1) \cdot 1} \right)^* & \cdots & \left(w_N^{(N-1) \cdot (N-1)} \right)^* \end{pmatrix} \cdot X
$$

$$
= \frac{1}{N} \cdot \begin{pmatrix} 1 & 1 & \cdots & 1 \\ 1 & w_N^{1 \cdot 1} & \cdots & w_N^{1 \cdot (N-1)} \\ \vdots & \vdots & \ddots & \vdots \\ 1 & w_N^{(N-1) \cdot 1} & \cdots & w_N^{(N-1) \cdot (N-1)} \end{pmatrix}^* \cdot X \; .
$$

Damit folgt schließlich für die Rücktransformationsformel der diskreten FOURIER-Transformation in Matrixdarstellung mit der komponentenweisen komplexen Konjugation der Transformationsmatrix W_N

$$
x = \frac{1}{N} \cdot W_N^* \cdot X \tag{3.15}
$$

beziehungsweise ausführlich

$$
\begin{pmatrix} x(0) \\ x(1) \\ \vdots \\ x(N-1) \end{pmatrix}
$$

$$
= \frac{1}{N} \cdot \begin{pmatrix} 1 & 1 & \cdots & 1 \\ 1 & w_N^{1 \cdot 1} & \cdots & w_N^{1 \cdot (N-1)} \\ \vdots & \vdots & \ddots & \vdots \\ 1 & w_N^{(N-1) \cdot 1} & \cdots & w_N^{(N-1) \cdot (N-1)} \end{pmatrix}^* \cdot \begin{pmatrix} X(0) \\ X(1) \\ \vdots \\ X(N-1) \end{pmatrix} \; .
$$

Insgesamt erhalten wir somit die Transformationsgleichungen der diskreten FOURIER-Transformation in Matrixdarstellung

$$
X = W_N \cdot x \quad \bullet\!\!-\!\!\circ \quad x = \frac{1}{N} \cdot W_N^* \cdot X \; . \tag{3.16}
$$

3.4.2.1 Inverse der Transformationsmatrix

Wegen

$$x = W_N^{-1} \cdot X = \frac{1}{N} \cdot W_N^* \cdot X$$

gilt für die Matrixinverse W_N^{-1} der Transformationsmatrix W_N die Beziehung

$$W_N^{-1} = \frac{1}{N} \cdot W_N^*$$

mit der konjugiert komplexen Matrix W_N^*. Die $N \times N$-Einheitsmatrix

$$I_N = \begin{pmatrix} 1 & 0 & \cdots & 0 \\ 0 & 1 & \cdots & 0 \\ \vdots & \vdots & \ddots & \vdots \\ 0 & 0 & \cdots & 1 \end{pmatrix}$$

führt damit auf die Beziehung

$$W_N \cdot W_N^* = W_N^* \cdot W_N = N \cdot I_N \ .$$

Beispiel 3.1

Als Beispiel wird die diskrete FOURIER-Transformation für die Länge $N = 4$ betrachtet. Der entsprechende Drehfaktor ist gegeben durch

$$w_4 = e^{-j2\pi/4} = e^{-j\pi/2} = -j \ .$$

Unter Verwendung der Beziehung

$$w_4^4 = (-j)^4 = 1$$

lautet die Transformationsmatrix der diskreten FOURIER-Transformation

$$\begin{aligned} W_4 &= \begin{pmatrix} 1 & 1 & 1 & 1 \\ 1 & w_4^{1\cdot1} & w_4^{1\cdot2} & w_4^{1\cdot3} \\ 1 & w_4^{2\cdot1} & w_4^{2\cdot2} & w_4^{2\cdot3} \\ 1 & w_4^{3\cdot1} & w_4^{3\cdot2} & w_4^{3\cdot3} \end{pmatrix} \\ &= \begin{pmatrix} 1 & 1 & 1 & 1 \\ 1 & w_4^1 & w_4^2 & w_4^3 \\ 1 & w_4^2 & w_4^4 & w_4^6 \\ 1 & w_4^3 & w_4^6 & w_4^9 \end{pmatrix} \end{aligned}$$

$$= \begin{pmatrix} 1 & 1 & 1 & 1 \\ 1 & w_4 & w_4^2 & w_4^3 \\ 1 & w_4^2 & 1 & w_4^2 \\ 1 & w_4^3 & w_4^2 & w_4 \end{pmatrix}$$

$$= \begin{pmatrix} 1 & 1 & 1 & 1 \\ 1 & -j & (-j)^2 & (-j)^3 \\ 1 & (-j)^2 & 1 & (-j)^2 \\ 1 & (-j)^3 & (-j)^2 & -j \end{pmatrix}$$

$$= \begin{pmatrix} 1 & 1 & 1 & 1 \\ 1 & -j & -1 & j \\ 1 & -1 & 1 & -1 \\ 1 & j & -1 & -j \end{pmatrix} \;.$$

Die Hintransformation der diskreten FOURIER-Transformation zur Berechnung des vierdimensionalen Spektralvektors X entspricht der Matrix-Vektor-Multiplikation

$$\begin{pmatrix} X(0) \\ X(1) \\ X(2) \\ X(3) \end{pmatrix} = \begin{pmatrix} 1 & 1 & 1 & 1 \\ 1 & -j & -1 & j \\ 1 & -1 & 1 & -1 \\ 1 & j & -1 & -j \end{pmatrix} \cdot \begin{pmatrix} x(0) \\ x(1) \\ x(2) \\ x(3) \end{pmatrix}$$

beziehungsweise komponentenweise

$$\begin{aligned} X(0) &= x(0) + x(1) + x(2) + x(3) \;, \\ X(1) &= x(0) - j \cdot x(1) - x(2) + j \cdot x(3) \;, \\ X(2) &= x(0) - x(1) + x(2) - x(3) \;, \\ X(3) &= x(0) + j \cdot x(1) - x(2) - j \cdot x(3) \;. \end{aligned}$$

Für die Rücktransformation der diskreten FOURIER-Transformation folgt mit der Matrix

$$W_4^* = \begin{pmatrix} 1 & 1 & 1 & 1 \\ 1 & j & -1 & -j \\ 1 & -1 & 1 & -1 \\ 1 & -j & -1 & j \end{pmatrix}$$

die Beziehung für die Berechnung des vierdimensionalen Signalvektors x

$$\begin{pmatrix} x(0) \\ x(1) \\ x(2) \\ x(3) \end{pmatrix} = \frac{1}{4} \cdot \begin{pmatrix} 1 & 1 & 1 & 1 \\ 1 & j & -1 & -j \\ 1 & -1 & 1 & -1 \\ 1 & -j & -1 & j \end{pmatrix} \cdot \begin{pmatrix} X(0) \\ X(1) \\ X(2) \\ X(3) \end{pmatrix}$$

beziehungsweise komponentenweise

$$x(0) = \frac{1}{4} \cdot [X(0) + X(1) + X(2) + X(3)] \ ,$$

$$x(1) = \frac{1}{4} \cdot [X(0) + j \cdot X(1) - X(2) - j \cdot X(3)] \ ,$$

$$x(2) = \frac{1}{4} \cdot [X(0) - X(1) + X(2) - X(3)] \ ,$$

$$x(3) = \frac{1}{4} \cdot [X(0) - j \cdot X(1) - X(2) + j \cdot X(3)] \ .$$

Für die als vierdimensionaler Signalvektor

$$\boldsymbol{x} = \begin{pmatrix} x(0) \\ x(1) \\ x(2) \\ x(3) \end{pmatrix} = \begin{pmatrix} 2{,}41 \\ -0{,}52 \\ 1{,}23 \\ 2{,}05 \end{pmatrix}$$

geschriebene beispielhafte Signalfolge $\{x(k)\}_{0 \leq k \leq 3}$ ergibt sich mit diesen Beziehungen der vierdimensionale Spektralvektor

$$\boldsymbol{X} = \begin{pmatrix} X(0) \\ X(1) \\ X(2) \\ X(3) \end{pmatrix} = \begin{pmatrix} 5{,}17 \\ 1{,}18 + j\, 2{,}57 \\ 2{,}11 \\ 1{,}18 - j\, 2{,}57 \end{pmatrix}$$

der zugehörigen Spektralfolge $\{X(\ell)\}_{0 \leq \ell \leq 3}$. Wie anhand dieses Beispiels ersichtlich wird, ist für eine reelle Signalfolge $\{x(k)\}_{0 \leq k \leq N-1}$ die zugehörige Spektralfolge $\{X(\ell)\}_{0 \leq \ell \leq N-1}$ im Allgemeinen komplex.   ◇

Aufgrund der reichhaltigen Symmetrieeigenschaften der Transformationsmatrix

$$\boldsymbol{W}_N = \left(w_N^{k\ell} \right)_{0 \leq k, \ell \leq N-1}$$

beziehungsweise des Drehfaktors

$$w_N = e^{-j 2\pi / N}$$

kann für die Berechnung der diskreten FOURIER-Transformation DFT ein effizienter Algorithmus – die *schnelle FOURIER-Transformation* (*FFT* – *Fast FOURIER Transform*) – hergeleitet werden [3]. Diesen schnellen FFT-Algorithmen werden wir uns im weiteren Verlauf des Buches zuwenden.

3.5   Exkurs: Fourier-Transformation

Die diskrete FOURIER-Transformation entspricht einer diskreten Transformation, die der finiten Signalfolge $\{x(k)\}_{0 \leq k \leq N-1}$ der Länge N die finite Spektralfolge $\{X(\ell)\}_{0 \leq \ell \leq N-1}$ ebenfalls der Länge N umkehrbar zuordnet. Die Transformationsformeln der diskreten FOURIER-Transformation hatten wir hergeleitet gemäß der Vorschrift

$$X(\ell) = \sum_{k=0}^{N-1} x(k) \cdot e^{-j2\pi k\ell/N} \quad \circ\!\!-\!\!\bullet \quad x(k) = \frac{1}{N} \sum_{\ell=0}^{N-1} X(\ell) \cdot e^{j2\pi k\ell/N} \quad .$$

Im Gegensatz zur diskreten FOURIER-Transformation ordnet die so genannte (kontinuierliche) *FOURIER-Transformation* einem kontinuierlich von der Zeit t abhängigen Signal $\tilde{x}(t)$ das *Spektrum* $\tilde{X}(f)$ in Abhängigkeit der kontinuierlichen Frequenz f umkehrbar zu [3, 18, 21, 23, 24]. Die Dimension der Zeit t ist üblicherweise die Sekunde [s], während die Dimension der Frequenz f ein Hertz [Hz] = [s^{-1}] ist. Der Einfachheit halber gehen wir im Folgenden von normierten Variablen t und f jeweils mit der Dimension [1] aus. Wir betrachten zunächst Beispiele kontinuierlicher Signale $\tilde{x}(t)$ und kontinuierlicher Spektren $\tilde{X}(f)$ auf Basis der Definition der FOURIER-Transformation. Anschließend behandeln wir den Zusammenhang zwischen der für kontinuierliche Signale und Spektren definierten FOURIER-Transformation und der diskreten FOURIER-Transformation.[2]

3.5.1   Fourier-Transformation kontinuierlicher Signale

Kontinuierliche Signale $\tilde{x}(t)$ im Originalbereich werden als Funktionen in Abhängigkeit der reellen Zeitvariablen $t \in \mathbb{R}$ über der Zeitachse $-\infty < t < \infty$ betrachtet. So wird beispielsweise das kontinuierliche impulsförmige *Rechtecksignal* definiert gemäß

$$\tilde{x}(t) = \begin{cases} 0, & t < -\frac{1}{2} \\ 1, & -\frac{1}{2} < t < \frac{1}{2} \\ 0, & t > \frac{1}{2} \end{cases} \quad .$$

Die FOURIER-Transformation ordnet dem kontinuierlichen Signal $\tilde{x}(t)$ das kontinuierliche Spektrum $\tilde{X}(f)$ umkehrbar zu unter Verwendung der Hintransformationsformel

$$\tilde{X}(f) = \int_{-\infty}^{\infty} \tilde{x}(t) \cdot e^{-j2\pi f t} \, dt \quad . \tag{3.17}$$

---

[2] Die theoretische Darstellung in diesem Exkurs ist sehr kurz gehalten und daher anspruchsvoller hinsichtlich der zugrunde liegenden Signaltheorie. Ausschließlich an der diskreten FOURIER-Transformation interessierte Leser können diesen Abschnitt überspringen.

Die entsprechende Rücktransformationsformel der FOURIER-Transformation lautet

$$\tilde{x}(t) = \int_{-\infty}^{\infty} \tilde{X}(f) \cdot e^{j2\pi ft}\, df \ . \tag{3.18}$$

Anstelle der Summation Σ wie bei den Transformationsformeln der diskreten FOURIER-Transformation ist die FOURIER-Transformation mit Hilfe eines Integrals $\int$ definiert. Wie das kontinuierliche Signal $\tilde{x}(t)$ über der Zeitachse $-\infty < t < \infty$ ist das kontinuierliche Spektrum $\tilde{X}(f)$ definiert über der Frequenzachse $-\infty < f < \infty$. Wir betrachten nun einige Beispiele für die FOURIER-Transformation.

Beispiel 3.2

Für das kontinuierliche Rechtecksignal

$$\tilde{x}(t) = \begin{cases} 0, & t < -\frac{1}{2} \\ 1, & -\frac{1}{2} < t < \frac{1}{2} \\ 0, & t > \frac{1}{2} \end{cases}$$

ergibt sich die zugehörige FOURIER-Transformierte aus

$$\tilde{X}(f) = \int_{-\infty}^{\infty} \tilde{x}(t) \cdot e^{-j2\pi ft}\, dt = \int_{-1/2}^{1/2} 1 \cdot e^{-j2\pi ft}\, dt = 2 \int_{0}^{1/2} \cos(2\pi ft)\, dt$$

mit dem Spektrum

$$\tilde{X}(f) = \frac{\sin(\pi f)}{\pi f} \ ,$$

wie in Abb. 3.11 dargestellt.   ◇

Beispiel 3.3

Wird anstelle des kontinuierlichen Rechtecksignals im Originalbereich das Rechteck-spektrum

$$\tilde{X}(f) = \begin{cases} 0, & f < -\frac{1}{2} \\ 1, & -\frac{1}{2} < f < \frac{1}{2} \\ 0, & f > \frac{1}{2} \end{cases}$$

im Spektralbereich betrachtet, so folgt für das zugehörige Signal

$$\tilde{x}(t) = \int_{-\infty}^{\infty} \tilde{X}(f) \cdot e^{j2\pi ft}\, df = \int_{-1/2}^{1/2} 1 \cdot e^{j2\pi ft}\, df = 2 \int_{0}^{1/2} \cos(2\pi ft)\, df$$

Abb. 3.11 Rechtecksignal $\tilde{x}(t)$
und kontinuierliches Spektrum
$\tilde{X}(f)$

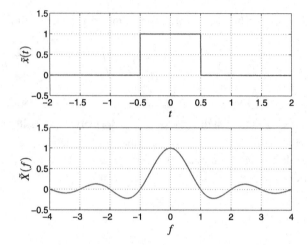

Abb. 3.12 Kontinuierliches Signal
$\tilde{x}(t)$ und Rechteckspektrum $\tilde{X}(f)$

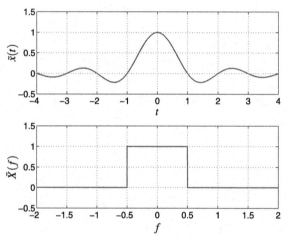

mit dem Ergebnis

$$\tilde{x}(t) = \frac{\sin(\pi t)}{\pi t} \quad ,$$

wie Abb. 3.12 zeigt.   ◇

3.5.2 Abtastung

Im Folgenden betrachten wir die Abtastung kontinuierlicher Signale und Spektren sowohl
im Zeitbereich (Originalbereich) als auch im Frequenzbereich (Spektralbereich). Als Beispiel verwenden wir das in Abb. 3.13 veranschaulichte Signal

$$\tilde{x}(t) = e^{-\pi(\alpha t)^2}$$

Abb. 3.13 Kontinuierliches Signal $\tilde{x}(t)$ und kontinuierliches Spektrum $\tilde{X}(f)$

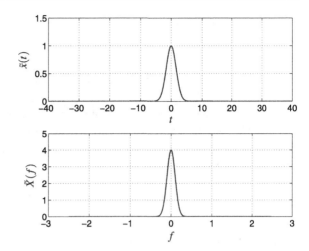

mit dem reellen Parameter $\alpha = 1/4$ und dem zugehörigen Spektrum

$$\tilde{X}(f) = \frac{1}{|\alpha|} \cdot e^{-\pi(f/\alpha)^2} \quad .$$

3.5.2.1   Abtastung im Originalbereich

In der digitalen Signalverarbeitung werden *kontinuierliche Signale* $\tilde{x}(t)$ mittels der *Abtastung im Originalbereich* mit der Abtastperiode T in *diskrete Signale* überführt. Zu diesem Zweck wird das im Originalbereich zu den Zeiten

$$t_k = kT$$

Abb. 3.14 Abgetastetes Signal $\tilde{x}_T(t)$ und periodisch fortgesetztes Spektrum $\tilde{X}_T(f)$

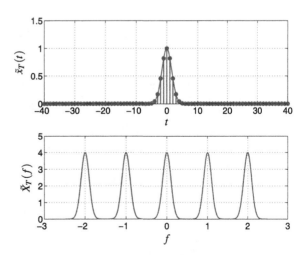

mit $-\infty < k < \infty$ abgetastete Signal $\tilde{x}_T(t)$ unter Verwendung eines *Impulszugs* im Originalbereich $\sum_{k=-\infty}^{\infty} \delta(t - kT)$ dargestellt gemäß[3]

$$\tilde{x}_T(t) = \sum_{k=-\infty}^{\infty} \tilde{x}(kT) \cdot \delta(t - kT) \; . \tag{3.19}$$

Der Impuls $\delta(t-t_k)$ entspricht als so genannte *verallgemeinerte Funktion* [18] einem Impuls an der Stelle t_k. Die Abtastung des kontinuierlichen Signals $\tilde{x}(t)$ mit der Abtastperiode T führt zu einer periodischen Fortsetzung des Spektrums $\tilde{X}(f)$ im Spektralbereich mit der Periode T^{-1} wie in Abb. 3.14 gezeigt entsprechend

$$\tilde{X}_T(f) = \frac{1}{T} \sum_{k=-\infty}^{\infty} \tilde{X}\left(f - \frac{k}{T}\right) \; . \tag{3.20}$$

3.5.2.2   Abtastung im Spektralbereich

Im Rahmen der *Abtastung im Spektralbereich* wird anstelle des kontinuierlichen Signals $\tilde{x}(t)$ im Originalbereich das Spektrum $\tilde{X}(f)$ im Spektralbereich mit der Abtastperiode F zu den Frequenzen

$$f_\ell = \ell F$$

mit $-\infty < \ell < \infty$ abgetastet. Das resultierende abgetastete Spektrum kann unter Verwendung des Impulszugs im Spektralbereich $\sum_{\ell=-\infty}^{\infty} \delta(f - \ell F)$ mit den Impulsen $\delta(f - f_\ell)$ an den Stellen f_ℓ dargestellt werden gemäß

$$\tilde{X}_F(f) = \sum_{\ell=-\infty}^{\infty} \tilde{X}(\ell F) \cdot \delta(f - \ell F) \; . \tag{3.21}$$

Die Abtastung des kontinuierlichen Spektrums $\tilde{X}(f)$ mit der Abtastperiode F führt zu einer periodischen Fortsetzung des Signals $\tilde{x}(t)$ im Originalbereich mit der Periode F^{-1} wie in Abb. 3.15 gezeigt entsprechend

$$\tilde{x}_F(t) = \frac{1}{F} \sum_{\ell=-\infty}^{\infty} \tilde{x}\left(t - \frac{\ell}{F}\right) \; . \tag{3.22}$$

---

[3] Mit Hilfe des *Abtasttheorems* kann das kontinuierliche Signal $\tilde{x}(t)$ aus der Abtastfolge $\{\tilde{x}(kT)\}_{-\infty<k<\infty}$ exakt rekonstruiert werden gemäß der Berechnungsvorschrift

$$\tilde{x}(t) = \sum_{k=-\infty}^{\infty} \tilde{x}(kT) \cdot \frac{\sin\left(\pi \dfrac{t - kT}{T}\right)}{\pi \dfrac{t - kT}{T}} \; ,$$

sofern das Spektrum $\tilde{X}(f)$ im Spektralbereich auf das Frequenzintervall

$$-\frac{1}{2T} < f < \frac{1}{2T}$$

begrenzt ist [18, 25].

Abb. 3.15 Periodisch fortgesetztes Signal $\tilde{x}_F(t)$ und abgetastetes Spektrum $\tilde{X}_F(f)$

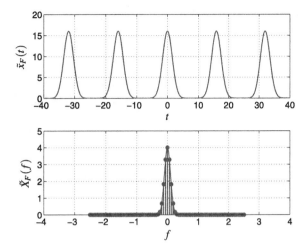

3.5.2.3   Abtastung im Originalbereich und im Spektralbereich

Für den Fall der Abtastung sowohl des kontinuierlichen Signals $\tilde{x}(t)$ als auch des kontinuierlichen Spektrums $\tilde{X}(f)$ werden Signal und Spektrum periodisch fortgesetzt. Aufgrund der Abtastung im Originalbereich ist die Periode des periodisch fortgesetzten Spektrums $\tilde{X}_T(f)$ gegeben durch T^{-1}. Wird das periodisch fortgesetzte Spektrum $\tilde{X}_T(f)$ ferner abgetastet mit der Abtastperiode F, so ergibt sich im Originalbereich die Periode F^{-1} des periodisch fortgesetzten Signals. Innerhalb einer Periode sowohl im Originalbereich als auch im Spektralbereich erhalten wir insgesamt N Abtastwerte. Damit folgt beispielsweise im Spektralbereich für die Periode $T^{-1} = N \cdot F$ mit der Abtastperiode F beziehungsweise

$$N \cdot F \cdot T = 1 \ . \tag{3.23}$$

Das Produkt zwischen Abtastperiode T im Originalbereich und Abtastperiode F im Spektralbereich sowie der Anzahl der Abtastwerte N innerhalb einer Periode im Originalbereich und im Spektralbereich ist somit gleich 1. Abbildung 3.16 veranschaulicht das abgetastete und periodisch fortgesetzte Signal $\tilde{x}_{FT}(t)$ sowie das abgetastete und periodisch fortgesetzte Spektrum $\tilde{X}_{FT}(f)$.

Wir gehen im Folgenden von der Abtastung im Originalbereich sowie im Spektralbereich aus und erhalten

$$
\begin{aligned}
\tilde{x}_{FT}(t) &= \sum_{k=-\infty}^{\infty} \tilde{x}_F(kT) \cdot \delta(t - kT) \\
&= \sum_{k=-\infty}^{\infty} \left[\frac{1}{F} \sum_{\ell=-\infty}^{\infty} \tilde{x}\left(kT - \frac{\ell}{F}\right) \right] \cdot \delta(t - kT) \\
&= \frac{1}{F} \sum_{k=-\infty}^{\infty} \sum_{\ell=-\infty}^{\infty} \tilde{x}\left(kT - \frac{\ell}{F}\right) \cdot \delta(t - kT) \ .
\end{aligned}
$$

Abb. 3.16 Abgetastetes und
periodisch fortgesetztes Signal
$\tilde{x}_{FT}(t)$ sowie abgetastetes und
periodisch fortgesetztes Spektrum
$\tilde{X}_{FT}(f)$

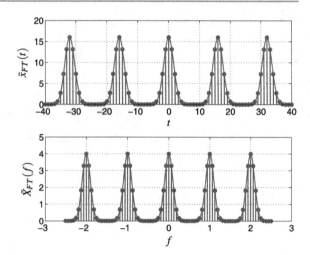

Mit der Periode im Originalbereich $F^{-1} = N \cdot T$ folgt

$$\tilde{x}_{FT}(t) = NT \sum_{k=-\infty}^{\infty} \sum_{\ell=-\infty}^{\infty} \tilde{x}(kT - \ell NT) \cdot \delta(t - kT)$$

$$= NT \sum_{k=-\infty}^{\infty} \sum_{\ell=-\infty}^{\infty} \tilde{x}([k - \ell N]T) \cdot \delta(t - kT) \ .$$

Innerhalb einer Periode im Originalbereich für $0 \le t < NT$ lautet das diskrete Signal hiermit

$$\tilde{x}_{FT}(t) = NT \sum_{k=0}^{N-1} \left(\sum_{\ell=-\infty}^{\infty} \tilde{x}([k - \ell N]T) \right) \cdot \delta(t - kT)$$

mit $0 \le k \le N-1$. Die finite Signalfolge $\{x(k)\}_{0 \le k \le N-1}$ der Länge N innerhalb einer Periode im Originalbereich definieren wir gemäß

$$x(k) = \sum_{\ell=-\infty}^{\infty} \tilde{x}([k - \ell N]T) \ . \tag{3.24}$$

Diese finite Signalfolge ergibt sich aufgrund der Abtastung sowohl im Originalbereich als auch im Spektralbereich sowie durch die resultierende periodische Fortsetzung. Damit gilt innerhalb einer Periode im Originalbereich für $0 \le t < NT$ mit $NT = F^{-1}$

$$\tilde{x}_{FT}(t) = NT \sum_{k=0}^{N-1} x(k) \cdot \delta(t - kT) = \frac{1}{F} \sum_{k=0}^{N-1} x(k) \cdot \delta(t - kT) \ .$$

Das abgetastete Signal $\sum_{k=0}^{N-1} x(k) \cdot \delta(t - kT)$ im Originalbereich innerhalb einer Periode $0 \le t < NT$ besitzt das zugehörige Spektrum $\sum_{k=0}^{N-1} x(k) \cdot e^{-j2\pi kTf}$ der FOURIER-Transformation.

Die im Originalbereich für $-\infty < t < \infty$ durchgeführte periodische Fortsetzung

$$\tilde{x}_{FT}(t) = NT \sum_{k=-\infty}^{\infty} x(k) \cdot \delta(t - kT) = \frac{1}{F} \sum_{k=-\infty}^{\infty} x(k) \cdot \delta(t - kT)$$

führt zu der Abtastung des Spektrums $\sum_{k=0}^{N-1} x(k) \cdot e^{-j2\pi kTf}$ im Spektralbereich an den Stellen $f_\ell = \ell F = \ell/(NT)$ mit $-\infty < \ell < \infty$ gemäß

$$\tilde{X}_{FT}(f) = \sum_{\ell=-\infty}^{\infty} \left(\sum_{k=0}^{N-1} x(k) \cdot e^{-j2\pi kT\ell/(NT)} \right) \cdot \delta\left(f - \frac{\ell}{NT}\right)$$

$$= \sum_{\ell=-\infty}^{\infty} \left(\sum_{k=0}^{N-1} x(k) \cdot e^{-j2\pi k\ell/N} \right) \cdot \delta\left(f - \frac{\ell}{NT}\right) \; .$$

Die finite Spektralfolge $\{X(\ell)\}_{0 \leq \ell \leq N-1}$ der Länge N innerhalb einer Periode im Spektralbereich ergibt sich mit der angegebenen Formel aus der Definition der diskreten FOURIER-Transformation entsprechend

$$X(\ell) = \text{DFT}\{x(k)\} = \sum_{k=0}^{N-1} x(k) \cdot e^{-j2\pi k\ell/N} \tag{3.25}$$

mit der Rücktransformationsformel

$$x(k) = \text{IDFT}\{X(\ell)\} = \frac{1}{N} \sum_{\ell=0}^{N-1} X(\ell) \cdot e^{j2\pi k\ell/N} \; . \tag{3.26}$$

Das abgetastete und periodisch fortgesetzte Spektrum im Spektralbereich folgt hiermit zu

$$\tilde{X}_{FT}(f) = \sum_{\ell=-\infty}^{\infty} X(\ell) \cdot \delta\left(f - \frac{\ell}{NT}\right) = \sum_{\ell=-\infty}^{\infty} X(\ell) \cdot \delta(f - \ell F)$$

mit der Abtastperiode $F = (NT)^{-1}$. Wegen des auftretenden Drehfaktors $e^{\mp j2\pi k\ell/N}$ entspricht bei der diskreten FOURIER-Transformation die normierte Abtastperiode $T = 1$ im Originalbereich der normierten Abtastperiode $F = (NT)^{-1} = N^{-1} = 1/N$ im Spektralbereich.

Abschließend leiten wir im Folgenden das resultierende Spektrum aus der Abtastung im Originalbereich sowie im Spektralbereich her. Das im Originalbereich sowohl abgetastete als auch periodisch fortgesetzte Signal

$$\tilde{x}_{FT}(t) = \sum_{k=-\infty}^{\infty} \tilde{x}_F(kT) \cdot \delta(t - kT)$$

besitzt das zugehörige periodisch fortgesetzte abgetastete Spektrum

$$\tilde{X}_{FT}(f) = \frac{1}{T} \sum_{k=-\infty}^{\infty} \tilde{X}_F\left(f - \frac{k}{T}\right) \; .$$

Das im Spektralbereich abgetastete Spektrum $\tilde{X}_F(f)$ ist gegeben durch

$$\tilde{X}_F(f) = \sum_{\ell=-\infty}^{\infty} \tilde{X}(\ell F) \cdot \delta(f - \ell F)$$

beziehungsweise

$$\tilde{X}_F\left(f - \frac{k}{T}\right) = \sum_{\ell=-\infty}^{\infty} \tilde{X}(\ell F) \cdot \delta\left(f - \frac{k}{T} - \ell F\right) \ .$$

Daraus folgt

$$\tilde{X}_{FT}(f) = \frac{1}{T} \sum_{k=-\infty}^{\infty} \tilde{X}_F\left(f - \frac{k}{T}\right)$$

$$= \frac{1}{T} \sum_{k=-\infty}^{\infty} \sum_{\ell=-\infty}^{\infty} \tilde{X}(\ell F) \cdot \delta\left(f - \frac{k}{T} - \ell F\right) \ .$$

Mit der Periode im Spektralbereich $T^{-1} = NF$ gilt somit

$$\tilde{X}_{FT}(f) = \frac{1}{T} \sum_{k=-\infty}^{\infty} \sum_{\ell=-\infty}^{\infty} \tilde{X}(\ell F) \cdot \delta(f - kNF - \ell F)$$

$$= \frac{1}{T} \sum_{k=-\infty}^{\infty} \sum_{\ell=-\infty}^{\infty} \tilde{X}(\ell F) \cdot \delta(f - [kN + \ell] F) \ .$$

Durch Ersetzen des Summationsindex ℓ durch $kN + \ell$ und Vertauschen der Summations-reihenfolge folgt

$$\tilde{X}_{FT}(f) = \frac{1}{T} \sum_{k=-\infty}^{\infty} \sum_{\ell=-\infty}^{\infty} \tilde{X}([\ell - kN] F) \cdot \delta(f - \ell F)$$

$$= \sum_{\ell=-\infty}^{\infty} \left(\frac{1}{T} \sum_{k=-\infty}^{\infty} \tilde{X}([\ell - kN] F)\right) \cdot \delta(f - \ell F) \ .$$

Entsprechend der bereits hergeleiteten Beziehung

$$\tilde{X}_{FT}(f) = \sum_{\ell=-\infty}^{\infty} X(\ell) \cdot \delta(f - \ell F)$$

ergibt sich die finite Spektralfolge $\{X(\ell)\}_{0 \leq \ell \leq N-1}$ der Länge N innerhalb einer Periode $0 \leq f < NF$ im Spektralbereich aus der Formel

$$X(\ell) = \frac{1}{T} \sum_{k=-\infty}^{\infty} \tilde{X}([\ell - kN] F) \ . \tag{3.27}$$

Diese finite Spektralfolge erhalten wir aufgrund der Abtastung im Originalbereich und im Spektralbereich sowie durch die zugehörige periodische Fortsetzung.

Abb. 3.17 Finite Signalfolge $\{x(k)\}_{0\le k\le N-1}$ und finite Spektralfolge $\{X(\ell)\}_{0\le \ell\le N-1}$ mit $N = 1/(FT) = 16$

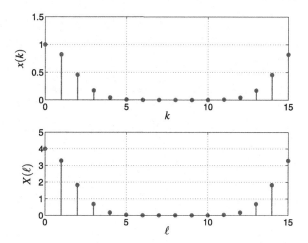

Insgesamt gilt somit für das kontinuierliche Signal $\tilde{x}(t)$ und das zugehörige kontinuierliche Spektrum $\tilde{X}(f)$, die sowohl im Originalbereich als auch im Spektralbereich abgetastet werden, die folgende Vorschrift für die diskrete FOURIER-Transformation

$$x(k) = \sum_{\ell=-\infty}^{\infty} \tilde{x}\left(\left[k - \ell N\right] T\right) \quad \circ\!\!-\!\!\bullet \quad X(\ell) = \frac{1}{T} \sum_{k=-\infty}^{\infty} \tilde{X}\left(\left[\ell - kN\right] F\right) \qquad (3.28)$$

mit der finiten Signalfolge $x(k) = \text{IDFT}\{X(\ell)\}$ der Länge N mit $0 \le k \le N - 1$ sowie der finiten Spektralfolge $X(\ell) = \text{DFT}\{x(k)\}$ der Länge N mit $0 \le \ell \le N - 1$. Abbildung 3.17 stellt diese Folgen für das in Abb. 3.13 veranschaulichte kontinuierliche Signal $\tilde{x}(t)$ mit dem zugehörigen kontinuierlichen Spektrum $\tilde{X}(f)$ dar.

3.5.3 Spezialfälle

3.5.3.1 Begrenzte kontinuierliche Signale

Im Fall eines im Originalbereich auf das Zeitintervall $0 \le t < NT$ begrenzte kontinuierliche Signal $\tilde{x}(t)$ gilt für die finite Signalfolge

$$x(k) = \tilde{x}(kT)$$

mit $0 \le k \le N - 1$. Die finite Spektralfolge resultiert aus der Überlagerung periodisch fortgesetzter Spektren gemäß

$$X(\ell) = \frac{1}{T} \sum_{k=-\infty}^{\infty} \tilde{X}\left(\left[\ell - kN\right] F\right)$$

$$= \ldots + \frac{1}{T} \cdot \tilde{X}\left(\left[\ell + N\right] F\right) + \frac{1}{T} \cdot \tilde{X}\left(\ell F\right) + \frac{1}{T} \cdot \tilde{X}\left(\left[\ell - N\right] F\right) + \ldots$$

mit $0 \leq \ell \leq N - 1$. Dieser Effekt wird aufgrund der überlagerten verschobenen Spektren $\tilde{X}([\ell - kN]F)$ mit dem Summationsindex $-\infty < k < \infty$ als *Aliasing im Frequenzbereich* bezeichnet.

3.5.3.2   Begrenzte kontinuierliche Spektren

Im Fall eines im Spektralbereich auf das Frequenzintervall $0 \leq f < NF$ begrenzte kontinuierliche Spektrum $\tilde{X}(f)$ gilt für die finite Spektralfolge

$$X(\ell) = \frac{1}{T} \cdot \tilde{X}(\ell F)$$

mit $0 \leq \ell \leq N - 1$. Alternativ wird üblicherweise das Frequenzintervall

$$-\frac{NF}{2} < f < \frac{NF}{2}$$

für begrenzte kontinuierliche Spektren $\tilde{X}(f)$ symmetrisch zu $f = 0$ betrachtet.[4] Die finite Signalfolge resultiert aus der Überlagerung periodisch fortgesetzter Signale gemäß

$$x(k) = \sum_{\ell=-\infty}^{\infty} \tilde{x}([k - \ell N]T)$$

$$= \ldots + \tilde{x}([k + N]T) + \tilde{x}(kT) + \tilde{x}([k - N]T) + \ldots$$

mit $0 \leq k \leq N - 1$. Wegen der überlagerten verschobenen Signale $\tilde{x}([k - \ell N]T)$ mit dem Summationsindex $-\infty < \ell < \infty$ heißt dieser Effekt *Aliasing im Zeitbereich*.

---

[4] Dies entspricht dem Index $-N/2 \leq \ell \leq N/2 - 1$ aufgrund der N-Periodizität der auf die Indexmenge der ganzen Zahlen periodisch fortgesetzten Spektralfolge, wobei $X(-N/2) = X(N/2) = 0$ für $\ell = \pm N/2$ vorausgesetzt wird.

Eigenschaften der DFT

4

In diesem Kapitel stellen wir die wichtigsten Eigenschaften der diskreten FOURIER-Transformation definiert durch die Transformationsgleichungen

$$X(\ell) = \sum_{k=0}^{N-1} x(k) \cdot e^{-j2\pi k\ell/N}$$

$$\updownarrow$$

$$x(k) = \frac{1}{N} \sum_{\ell=0}^{N-1} X(\ell) \cdot e^{j2\pi k\ell/N}$$

mit der Spektralfolge $X(\ell) = \text{DFT}\{x(k)\}$ und der Signalfolge $x(k) = \text{IDFT}\{X(\ell)\}$ jeweils der Länge N zusammen [3, 14, 25]. Die finite Signalfolge $\{x(k)\}_{0 \le k \le N-1}$ mit $x(k) \in \mathbb{C}$ und die finite Spektralfolge $\{X(\ell)\}_{0 \le \ell \le N-1}$ mit $X(\ell) \in \mathbb{C}$ sind in der Regel komplex. In praktischen Anwendungen ist die finite Signalfolge häufig reell $x(k) \in \mathbb{R}$, wobei die zugehörige finite Spektralfolge auch für reelle Signalfolgen in der Regel komplex ist $X(\ell) \in \mathbb{C}$. Für rein reelle Signalfolgen $x(k) \in \mathbb{R}$ oder rein reelle Spektralfolgen $X(\ell) \in \mathbb{R}$ geben wir in grafischen Abbildungen ausschließlich $x(k)$ oder $X(\ell)$ an.

Die in Kap. 3 gezeigte Abb. 3.2 auf S. 18 stellt die in den meisten folgenden Beispielen zugrunde gelegte reelle Signalfolge der Länge $N = 16$ dar, während Abb. 3.3 und Abb. 3.4 die zugehörige Spektralfolge in kartesischen Koordinaten und Polarkoordinaten zeigen. In Abb. 4.1 sind die reelle Signalfolge $\{x(k)\}_{0 \le k \le N-1}$ sowie die komplexe Spektralfolge $\{X(\ell)\}_{0 \le \ell \le N-1}$ in kartesischen Koordinaten erneut dargestellt.

4.1 Linearität

Die diskrete FOURIER-Transformation DFT stellt einschließlich der zugehörigen inversen diskreten FOURIER-Transformation IDFT eine lineare Transformation dar, das heißt es gilt

A. Neubauer, *DFT – Diskrete Fourier-Transformation*, DOI 10.1007/978-3-8348-1997-0_4,   47
© Vieweg+Teubner Verlag | Springer Fachmedien Wiesbaden 2012

Abb. 4.1 Signalfolge
$\{x(k)\}_{0\leq k\leq N-1}$ und Spektralfolge $\{X(\ell)\}_{0\leq \ell\leq N-1}$

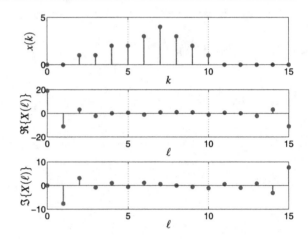

das *Superpositionsgesetz*

$$\mathrm{DFT}\left\{a\cdot x(k)+b\cdot y(k)\right\}=a\cdot\mathrm{DFT}\left\{x(k)\right\}+b\cdot\mathrm{DFT}\left\{y(k)\right\}$$

beziehungsweise

$$a\cdot x(k)+b\cdot y(k) \quad\circ\!\!-\!\!\bullet\quad a\cdot X(\ell)+b\cdot Y(\ell) \tag{4.1}$$

mit den Spektralfolgen $X(\ell)=\mathrm{DFT}\left\{x(k)\right\}$ und $Y(\ell)=\mathrm{DFT}\left\{y(k)\right\}$ sowie den komplexen
Koeffizienten $a,b\in\mathbb{C}$. Dies wird leicht ersichtlich anhand der folgenden Herleitung.

$$\begin{aligned}
\mathrm{DFT}\left\{a\cdot x(k)+b\cdot y(k)\right\}&=\sum_{k=0}^{N-1}\left(a\cdot x(k)+b\cdot y(k)\right)\cdot e^{-j2\pi k\ell/N}\\
&=a\sum_{k=0}^{N-1}x(k)\cdot e^{-j2\pi k\ell/N}+b\sum_{k=0}^{N-1}y(k)\cdot e^{-j2\pi k\ell/N}\\
&=a\cdot X(\ell)+b\cdot Y(\ell)\\
&=a\cdot\mathrm{DFT}\left\{x(k)\right\}+b\cdot\mathrm{DFT}\left\{y(k)\right\}
\end{aligned}$$

4.2 Spiegelung

4.2.1 Spiegelung im Originalbereich

Die *Spiegelung* der Signalfolge $\{x(k)\}_{0\leq k\leq N-1}$ ist unter Beachtung der Periodizität der auf
die Indexmenge $\mathbb{Z}$ der ganzen Zahlen periodisch fortgesetzten Signalfolge mit der Periode

N sowie der *modulo*-Rechnung definiert gemäß

$$x(-k) = x(-k \bmod N) = \begin{cases} x(0) & , \quad k = 0 \\ x(N-k), & 1 \le k \le N-1 \end{cases}$$

beziehungsweise ausführlich

$$x(-0) = x(0) \;,$$
$$x(-1) = x(N-1) \;,$$
$$x(-2) = x(N-2) \;,$$
$$\vdots$$
$$x(-N+1) = x(1) \;.$$

Die zugehörige Spektralfolge folgt aus

$$\mathrm{DFT}\{x(-k)\} = \sum_{k=0}^{N-1} x(-k) \cdot \mathrm{e}^{-\mathrm{j}2\pi k\ell/N}$$

$$= x(0) + \sum_{k=1}^{N-1} x(-k) \cdot \mathrm{e}^{-\mathrm{j}2\pi k\ell/N}$$

$$= x(0) + \sum_{k=1}^{N-1} x(N-k) \cdot \mathrm{e}^{-\mathrm{j}2\pi k\ell/N} \;.$$

Mit der Ersetzung des Index $N - k$ durch den Index k ergibt sich

$$\mathrm{DFT}\{x(-k)\} = x(0) + \sum_{k=1}^{N-1} x(N-k) \cdot \mathrm{e}^{-\mathrm{j}2\pi k\ell/N}$$

$$= x(0) + \sum_{k=N-1}^{1} x(k) \cdot \mathrm{e}^{-\mathrm{j}2\pi(N-k)\ell/N}$$

$$= x(0) + \sum_{k=1}^{N-1} x(k) \cdot \mathrm{e}^{-\mathrm{j}2\pi N\ell/N} \cdot \mathrm{e}^{\mathrm{j}2\pi k\ell/N}$$

$$= x(0) + \sum_{k=1}^{N-1} x(k) \cdot \mathrm{e}^{-\mathrm{j}2\pi\ell} \cdot \mathrm{e}^{\mathrm{j}2\pi k\ell/N}$$

$$= x(0) + \sum_{k=1}^{N-1} x(k) \cdot \mathrm{e}^{\mathrm{j}2\pi k\ell/N}$$

$$= \sum_{k=0}^{N-1} x(k) \cdot \mathrm{e}^{\mathrm{j}2\pi k\ell/N}$$

$$= \sum_{k=0}^{N-1} x(k) \cdot \mathrm{e}^{-\mathrm{j}2\pi k(-\ell)/N}$$

$$= X(-\ell)$$

unter Verwendung der 2π-Periodizität der harmonischen Funktion $e^{-j\phi}$. Die gespiegelte Signalfolge $\{x(-k)\}_{0\leq k\leq N-1}$ führt somit entsprechend der Transformationsvorschrift

$$x(-k) \quad \circ\!\!-\!\!\bullet \quad X(-\ell) \qquad\qquad (4.2)$$

ebenso auf die gespiegelte Spektralfolge $\{X(-\ell)\}_{0\leq\ell\leq N-1}$. Diese ist gegeben durch

$$X(-\ell) = X(-\ell \bmod N) = \begin{cases} X(0) & , \quad \ell = 0 \\ X(N-\ell), & 1 \leq \ell \leq N-1 \end{cases}$$

beziehungsweise ausführlich

$$\begin{aligned} X(-0) &= X(0) \ , \\ X(-1) &= X(N-1) \ , \\ X(-2) &= X(N-2) \ , \\ &\vdots \\ X(-N+1) &= X(1) \ . \end{aligned}$$

4.2.2   Spiegelung im Spektralbereich

Entsprechend dem Ergebnis des Abschn. 4.2.1 führt die Spiegelung der Spektralfolge $\{X(-\ell)\}_{0\leq\ell\leq N-1}$ auf die gespiegelte Signalfolge $\{x(-k)\}_{0\leq k\leq N-1}$ gemäß der Transformationsvorschrift

$$X(-\ell) \quad \bullet\!\!-\!\!\circ \quad x(-k) \ . \qquad\qquad (4.3)$$

Abb. 4.2 Spiegelung der Signalfolge $\{x(-k)\}_{0\leq k\leq N-1}$ und der Spektralfolge $\{X(-\ell)\}_{0\leq\ell\leq N-1}$

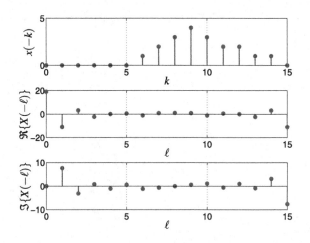

In Abb. 4.2 ist die Spiegelung für die in Abb. 4.1 auf S. 48 gezeigten Signalfolge und Spektralfolge veranschaulicht.

4.3 Gerade und ungerade Folgen

4.3.1 Gerade und ungerade Signalfolgen

Die finite Signalfolge $\{x(k)\}_{0 \le k \le N-1}$ kann unter Beachtung der N-Periodizität durch eine Überlagerung

$$x(k) = x'(k) + x''(k)$$

einer geraden Signalfolge

$$x'(k) = x'(-k)$$

und einer ungeraden Signalfolge

$$x''(k) = -x''(-k)$$

formuliert werden. Unter Berücksichtigung der Beziehungen

$$x(k) = x'(k) + x''(k) \ ,$$
$$x(-k) = x'(-k) + x''(-k)$$
$$= x'(k) - x''(k)$$

erhalten wir aufgelöst nach den geraden und ungeraden Signalfolgen die Ausdrücke

$$x'(k) = \frac{x(k) + x(-k)}{2} \ ,$$
$$x''(k) = \frac{x(k) - x(-k)}{2} \ .$$

Hierbei gilt für die gespiegelte Signalfolge erneut aufgrund der N-Periodizität sowie der *modulo*-Rechnung

$$x(-k) = x(-k \ \mathrm{mod} \ N) = \left\{ \begin{array}{ll} x(0) & , \quad k = 0 \\ x(N-k), & 1 \le k \le N-1 \end{array} \right. \ .$$

Mit den Spektralfolgen DFT $\{x(k)\} = X(\ell)$ und DFT $\{x(-k)\} = X(-\ell)$ folgen aufgrund der Linearität der diskreten FOURIER-Transformation die resultierenden Spektralfolgen der geraden und ungeraden Signalfolgen

$$x'(k) = \frac{x(k) + x(-k)}{2} \quad \circ\!\!-\!\!\bullet \quad X'(\ell) = \frac{X(\ell) + X(-\ell)}{2} \tag{4.4}$$

und

$$x''(k) = \frac{x(k) - x(-k)}{2} \quad \circ\!\!-\!\!\bullet \quad X''(\ell) = \frac{X(\ell) - X(-\ell)}{2} \ . \tag{4.5}$$

4.3.2   Gerade und ungerade Spektralfolgen

Wie im Fall der finiten Signalfolge $\{x(k)\}_{0\leq k\leq N-1}$ im Abschn. 4.3.1 kann die finite Spektralfolge $\{X(\ell)\}_{0\leq\ell\leq N-1}$ unter Beachtung der N-Periodizität durch eine Überlagerung

$$X(\ell) = X'(\ell) + X''(\ell)$$

einer geraden Spektralfolge

$$X'(\ell) = X'(-\ell)$$

und einer ungeraden Spektralfolge

$$X''(\ell) = -X''(-\ell)$$

formuliert werden. Unter Berücksichtigung der Beziehungen

$$X(\ell) = X'(\ell) + X''(\ell) \ ,$$
$$X(-\ell) = X'(-\ell) + X''(-\ell)$$
$$= X'(\ell) - X''(\ell)$$

erhalten wir aufgelöst nach den geraden und ungeraden Spektralfolgen die Ausdrücke

$$X'(\ell) = \frac{X(\ell) + X(-\ell)}{2} \ ,$$
$$X''(\ell) = \frac{X(\ell) - X(-\ell)}{2} \ .$$

Hierbei gilt für die gespiegelte Spektralfolge wiederum

$$X(-\ell) = X(-\ell \bmod N) = \begin{cases} X(0) & , \quad \ell = 0 \\ X(N-\ell), & 1 \leq \ell \leq N-1 \end{cases} \ .$$

Mit den Signalfolgen IDFT $\{X(\ell)\} = x(k)$ und IDFT $\{X(-\ell)\} = x(-k)$ folgen aufgrund der Linearität der inversen diskreten FOURIER-Transformation die resultierenden Signal-

Abb. 4.3 Gerade Signalfolge $\{x'(k)\}_{0\leq k\leq N-1}$ und gerade Spektralfolge $\{X'(\ell)\}_{0\leq\ell\leq N-1}$

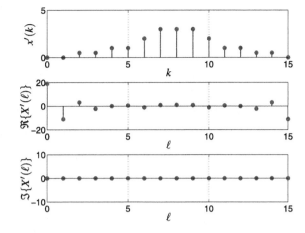

Abb. 4.4 Ungerade Signalfolge $\{x''(k)\}_{0\leq k\leq N-1}$ und ungerade Spektralfolge $\{X''(\ell)\}_{0\leq\ell\leq N-1}$

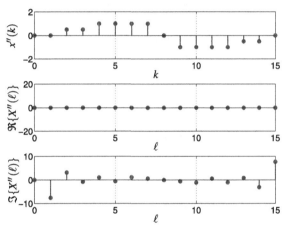

folgen der geraden und ungeraden Spektralfolgen

$$X'(\ell) = \frac{X(\ell) + X(-\ell)}{2} \quad\bullet\!\!-\!\!\circ\quad x'(k) = \frac{x(k) + x(-k)}{2} \tag{4.6}$$

und

$$X''(\ell) = \frac{X(\ell) - X(-\ell)}{2} \quad\bullet\!\!-\!\!\circ\quad x''(k) = \frac{x(k) - x(-k)}{2}\ . \tag{4.7}$$

Zusammengefasst entsprechen die geraden und ungeraden Signalfolgen der finiten Signalfolge $\{x(k)\}_{0\leq k\leq N-1}$ den geraden und ungeraden Spektralfolgen der finiten Spektralfolge $\{X(\ell)\}_{0\leq\ell\leq N-1}$. In Abb. 4.3 sind die gerade Signalfolge $\{x'(k)\}_{0\leq k\leq N-1}$ und die gerade Spektralfolge $\{X'(\ell)\}_{0\leq\ell\leq N-1}$ für die in Abb. 4.1 auf S. 48 gezeigten Signalfolge und Spektralfolge dargestellt. Entsprechend sind die ungerade Signalfolge $\{x''(k)\}_{0\leq k\leq N-1}$ und die ungerade Spektralfolge $\{X''(\ell)\}_{0\leq\ell\leq N-1}$ in Abb. 4.4 veranschaulicht.

Wie in Abb. 4.3 veranschaulicht, ergibt sich für die gerade und reelle Signalfolge $x'(k) = x'(-k)$ eine ebenfalls gerade und reelle Spektralfolge

$$X'(\ell) = \Re\{X'(\ell)\} = \Re\{X'(-\ell)\} = X'(-\ell)$$

mit $\Im\{X'(\ell)\} = 0$. Für eine ungerade und reelle Signalfolge $x''(k) = -x''(-k)$ erhalten wir entsprechend Abb. 4.4 eine ungerade und rein imaginäre Spektralfolge

$$X''(\ell) = j\Im\{X''(\ell)\} = -j\Im\{X''(-\ell)\} = -X''(-\ell)$$

mit $\Re\{X''(\ell)\} = 0$. Dass für die hier betrachteten geraden und ungeraden reellen Signalfolgen besondere Eigenschaften hinsichtlich des Realteils beziehungsweise des Imaginärteils der zugehörigen geraden und ungeraden Spektralfolgen gelten, liegt in der Reellwertigkeit der Signalfolgen begründet. Zur Herleitung dieser Eigenschaften reeller Signalfolgen wenden wir uns der komplexen Konjugation komplexer Signalfolgen zu.

4.4 Komplexe Konjugation

In diesem und dem folgenden Abschnitt gehen wir von komplexen finiten Signalfolgen $\{x(k)\}_{0 \le k \le N-1}$ mit $x(k) \in \mathbb{C}$ sowie komplexen finiten Spektralfolgen $\{X(\ell)\}_{0 \le \ell \le N-1}$ mit $X(\ell) \in \mathbb{C}$ aus. Abbildung 4.5 veranschaulicht beispielsweise eine komplexe Signalfolge $x(k) = \Re\{x(k)\} + j\Im\{x(k)\}$ mit ihrer zugehörigen ebenfalls komplexen Spektralfolge $X(\ell) = \Re\{X(\ell)\} + j\Im\{X(\ell)\}$.

4.4.1 Komplexe Konjugation im Originalbereich

Die konjugiert komplexe Signalfolge $\{x^*(k)\}_{0 \le k \le N-1}$ besitzt die Spektralfolge

$$
\begin{aligned}
\mathrm{DFT}\{x^*(k)\} &= \sum_{k=0}^{N-1} x^*(k) \cdot e^{-j2\pi k\ell/N} \\
&= \sum_{k=0}^{N-1} x^*(k) \cdot \left(e^{j2\pi k\ell/N}\right)^* \\
&= \left(\sum_{k=0}^{N-1} x(k) \cdot e^{j2\pi k\ell/N}\right)^*
\end{aligned}
$$

$$= \left(\sum_{k=0}^{N-1} x(k) \cdot e^{-j2\pi k(-\ell)/N} \right)^{*}$$

$$= X^{*}(-\ell) \; .$$

Die komplexe Konjugation der Signalfolge führt entsprechend der Transformationsvorschrift

$$x^{*}(k) \quad \circ\!\!-\!\!\bullet \quad X^{*}(-\ell) \tag{4.8}$$

auf die gespiegelte und konjugiert komplexe Spektralfolge gegeben durch

$$X^{*}(-\ell) = X^{*}(-\ell \bmod N) = \begin{cases} X^{*}(0) & , \quad \ell = 0 \\ X^{*}(N-\ell), & 1 \le \ell \le N-1 \end{cases}$$

beziehungsweise ausführlich

$$X^{*}(-0) = X^{*}(0) \; ,$$
$$X^{*}(-1) = X^{*}(N-1) \; ,$$
$$X^{*}(-2) = X^{*}(N-2) \; ,$$
$$\vdots$$
$$X^{*}(-N+1) = X^{*}(1) \; .$$

In Abb. 4.6 ist die komplexe Konjugation der Signalfolge und der gespiegelten Spektralfolge für die in Abb. 4.5 gezeigte komplexe Signalfolge $\{x(k)\}_{0 \le k \le N-1}$ mit der zugehörigen Spektralfolge $\{X(\ell)\}_{0 \le \ell \le N-1}$ dargestellt.

Abb. 4.5 Komplexe Signalfolge $\{x(k)\}_{0 \le k \le N-1}$ und komplexe Spektralfolge $\{X(\ell)\}_{0 \le \ell \le N-1}$

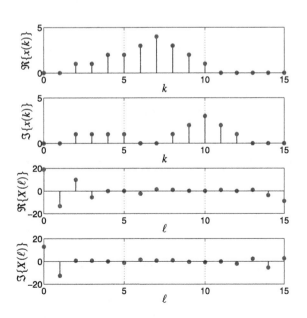

Abb. 4.6 Komplexe Konjugation
der Signalfolge $\{x^*(k)\}_{0\le k\le N-1}$
und der gespiegelten Spektralfolge
$\{X^*(-\ell)\}_{0\le \ell\le N-1}$

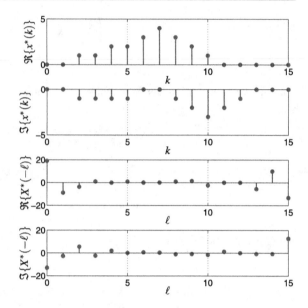

4.4.1.1   Reelle Signalfolgen

Für eine reelle finite Signalfolge $\{x(k)\}_{0\le k\le N-1}$ mit $x(k) = \Re\{x(k)\} \in \mathbb{R}$ gilt

$$x(k) = x^*(k) \; ,$$

da wegen $\Im\{x(k)\} = 0$ bei der komplexen Konjugation der Vorzeichenwechsel des Imaginärteils keinen Einfluss hat. Mit den Spektralfolgen

$$\mathrm{DFT}\{x(k)\} = X(\ell) = \Re\{X(\ell)\} + j\Im\{X(\ell)\}$$

und

$$\mathrm{DFT}\{x^*(k)\} = X^*(-\ell) = \Re\{X(-\ell)\} - j\Im\{X(-\ell)\}$$

ergeben sich für eine reelle Signalfolge unter Beachtung von $X(\ell) = X^*(-\ell)$ die folgenden Symmetrieeigenschaften der finiten Spektralfolge $\{X(\ell)\}_{0\le \ell\le N-1}$

$$\Re\{X(\ell)\} = \; \Re\{X(-\ell)\} \; ,$$

$$\Im\{X(\ell)\} = -\Im\{X(-\ell)\} \; .$$

Der Realteil $\Re\{X(\ell)\}$ stellt eine gerade Folge dar, während der Imaginärteil $\Im\{X(\ell)\}$ eine ungerade Folge ist. In Abb. 4.7 sind die reelle Signalfolge und die symmetrische Spektralfolge entsprechend Abb. 4.1 auf S. 48 dargestellt.

Abb. 4.7 Reelle Signalfolge $\{x(k)\}_{0\leq k\leq N-1}$ und symmetrische Spektralfolge $\{X(\ell)\}_{0\leq\ell\leq N-1}$ mit geradem Realteil $\Re\{X(\ell)\}$ und ungeradem Imaginärteil $\Im\{X(\ell)\}$

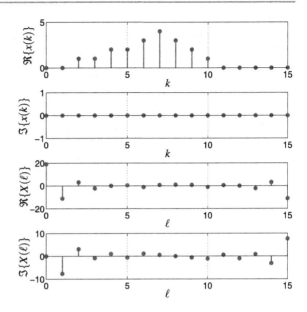

4.4.2 Komplexe Konjugation im Spektralbereich

Die konjugiert komplexe Spektralfolge $\{X^*(\ell)\}_{0\leq\ell\leq N-1}$ besitzt die Signalfolge

$$\text{IDFT}\{X^*(\ell)\} = \frac{1}{N}\sum_{\ell=0}^{N-1} X^*(\ell) \cdot e^{j2\pi k\ell/N}$$

$$= \frac{1}{N}\sum_{\ell=0}^{N-1} X^*(\ell) \cdot \left(e^{-j2\pi k\ell/N}\right)^*$$

$$= \left(\frac{1}{N}\sum_{\ell=0}^{N-1} X(\ell) \cdot e^{-j2\pi k\ell/N}\right)^*$$

$$= \left(\frac{1}{N}\sum_{\ell=0}^{N-1} X(\ell) \cdot e^{j2\pi(-k)\ell/N}\right)^*$$

$$= x^*(-k) \ .$$

Die komplexe Konjugation der Spektralfolge führt entsprechend der Transformationsvorschrift

$$X^*(\ell) \quad \bullet\!\!-\!\!\circ \quad x^*(-k) \tag{4.9}$$

auf die gespiegelte und konjugiert komplexe Signalfolge gegeben durch

$$x^*(-k) = x^*(-k \mod N) = \begin{cases} x^*(0) & , \quad k = 0 \\ x^*(N-k), & 1\leq k\leq N-1 \end{cases}$$

Abb. 4.8 Komplexe Konjugation der gespiegelten Signalfolge
$\{x^*(-k)\}_{0\leq k\leq N-1}$ und der Spektralfolge $\{X^*(\ell)\}_{0\leq\ell\leq N-1}$

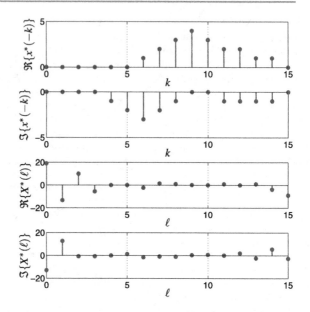

beziehungsweise ausführlich

$$x^*(-0) = x^*(0) \ ,$$

$$x^*(-1) = x^*(N-1) \ ,$$

$$x^*(-2) = x^*(N-2) \ ,$$

$$\vdots$$

$$x^*(-N+1) = x^*(1) \ .$$

In Abb. 4.8 ist die komplexe Konjugation der Spektralfolge $\{X^*(\ell)\}_{0\leq\ell\leq N-1}$ und der gespiegelten Signalfolge $\{x^*(-k)\}_{0\leq k\leq N-1}$ für die in Abb. 4.5 auf S. 55 gezeigten komplexen
Signalfolge und Spektralfolge dargestellt.

4.5 Realteil und Imaginärteil

4.5.1 Realteil und Imaginärteil im Originalbereich

Der Realteil der komplexen Signalfolge $\{x(k)\}_{0\leq k\leq N-1}$ ist gegeben durch

$$\Re\{x(k)\} = \frac{x(k)+x^*(k)}{2} \ .$$

Mit den zugehörigen Spektralfolgen DFT$\{x(k)\} = X(\ell)$ und DFT$\{x^*(k)\} = X^*(-\ell)$
folgt aufgrund der Linearität der diskreten FOURIER-Transformation die resultierende

Abb. 4.9 Signalfolge $\{y(k)\}_{0 \le k \le N-1}$ mit $y(k) = \Re\{x(k)\}$ und Spektralfolge $\{Y(\ell)\}_{0 \le \ell \le N-1}$ mit $Y(\ell) = \left(X(\ell) + X^*(-\ell)\right)/2$

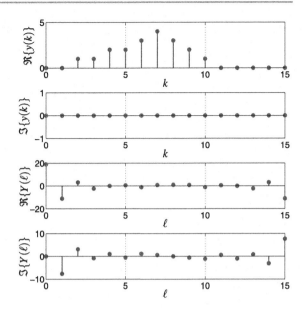

Spektralfolge

$$\begin{aligned}
\mathrm{DFT}\left\{\Re\{x(k)\}\right\} &= \mathrm{DFT}\left\{\frac{x(k) + x^*(k)}{2}\right\} \\
&= \frac{\mathrm{DFT}\left\{x(k)\right\} + \mathrm{DFT}\left\{x^*(k)\right\}}{2} \\
&= \frac{X(\ell) + X^*(-\ell)}{2} \ .
\end{aligned}$$

Somit lautet die entsprechende Transformationsvorschrift für den Realteil der Signalfolge im Originalbereich

$$\Re\{x(k)\} = \frac{x(k) + x^*(k)}{2} \quad\circ\!\!-\!\!\bullet\quad \frac{X(\ell) + X^*(-\ell)}{2} \ . \qquad (4.10)$$

In Abb. 4.9 sind die reelle Signalfolge mit den Signalwerten $y(k) = \Re\{x(k)\}$ und den Spektralwerten $Y(\ell) = (X(\ell) + X^*(-\ell))/2$ für die in Abb. 4.5 auf S. 55 gezeigte Signalfolge $\{x(k)\}_{0 \le k \le N-1}$ mit der Spektralfolge $\{X(\ell)\}_{0 \le \ell \le N-1}$ dargestellt.

Der Imaginärteil der komplexen Signalfolge $\{x(k)\}_{0 \le k \le N-1}$ berechnet sich gemäß

$$\Im\{x(k)\} = \frac{x(k) - x^*(k)}{2\mathrm{j}} \ .$$

Ähnlich wie für den Realteil $\Re\{x(k)\}$ erhalten wir unter Verwendung der Spektralfolgen $\mathrm{DFT}\{x(k)\} = X(\ell)$ und $\mathrm{DFT}\{x^*(k)\} = X^*(-\ell)$ sowie unter Beachtung der Linearität der diskreten FOURIER-Transformation die resultierende Spektralfolge

$$\text{DFT}\{\Im\{x(k)\}\} = \text{DFT}\left\{\frac{x(k) - x^*(k)}{2j}\right\}$$

$$= \frac{\text{DFT}\{x(k)\} - \text{DFT}\{x^*(k)\}}{2j}$$

$$= \frac{X(\ell) - X^*(-\ell)}{2j} \ .$$

Die zugehörige Transformationsvorschrift für den Imaginärteil der Signalfolge im Originalbereich lautet

$$\Im\{x(k)\} = \frac{x(k) - x^*(k)}{2j} \quad \circ\!\!-\!\!\bullet \quad \frac{X(\ell) - X^*(-\ell)}{2j} \ . \tag{4.11}$$

In Abb. 4.10 sind die reelle Signalfolge mit den Signalwerten $y(k) = \Im\{x(k)\}$ und den Spektralwerten $Y(\ell) = (X(\ell) - X^*(-\ell))/(2j)$ für die in Abb. 4.5 auf S. 55 gezeigte komplexe Signalfolge $\{x(k)\}_{0 \leq k \leq N-1}$ mit der Spektralfolge $\{X(\ell)\}_{0 \leq \ell \leq N-1}$ veranschaulicht.

4.5.2 Realteil und Imaginärteil im Spektralbereich

Der Realteil der komplexen Spektralfolge $\{X(\ell)\}_{0 \leq \ell \leq N-1}$ ist gegeben durch

$$\Re\{X(\ell)\} = \frac{X(\ell) + X^*(\ell)}{2} \ .$$

Mit den Signalfolgen $\text{IDFT}\{X(\ell)\} = x(k)$ und $\text{IDFT}\{X^*(\ell)\} = x^*(-k)$ folgt aufgrund der Linearität der inversen diskreten FOURIER-Transformation die resultierende Signalfolge

$$\text{IDFT}\{\Re\{X(\ell)\}\} = \text{IDFT}\left\{\frac{X(\ell) + X^*(\ell)}{2}\right\}$$

$$= \frac{\text{IDFT}\{X(\ell)\} + \text{IDFT}\{X^*(\ell)\}}{2}$$

$$= \frac{x(k) + x^*(-k)}{2} \ .$$

Somit lautet die Transformationsvorschrift für den Realteil im Spektralbereich

$$\Re\{X(\ell)\} = \frac{X(\ell) + X^*(\ell)}{2} \quad \bullet\!\!-\!\!\circ \quad \frac{x(k) + x^*(-k)}{2} \ . \tag{4.12}$$

In Abb. 4.11 sind die Spektralfolge mit den Spektralwerten $Y(\ell) = \Re\{X(\ell)\}$ und den zugehörigen Signalwerten $y(k) = (x(k) + x^*(-k))/2$ für die in Abb. 4.5 auf S. 55 gezeigte komplexe Signalfolge $\{x(k)\}_{0 \leq k \leq N-1}$ mit der zugehörigen Spektralfolge $\{X(\ell)\}_{0 \leq \ell \leq N-1}$ dargestellt.

Abb. 4.10 Signalfolge $\{y(k)\}_{0\le k\le N-1}$ mit $y(k) = \Im\{x(k)\}$ und Spektralfolge $\{Y(\ell)\}_{0\le\ell\le N-1}$ mit $Y(\ell) = \left(X(\ell) - X^*(-\ell)\right)/(2\mathrm{j})$

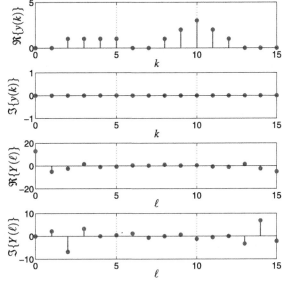

Abb. 4.11 Spektralfolge $\{Y(\ell)\}_{0\le\ell\le N-1}$ mit $Y(\ell) = \Re\{X(\ell)\}$ und Signalfolge $\{y(k)\}_{0\le k\le N-1}$ mit $y(k) = \left(x(k) + x^*(-k)\right)/2$

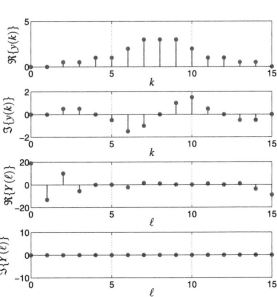

Der Imaginärteil der komplexen Spektralfolge $\{X(\ell)\}_{0\le\ell\le N-1}$ berechnet sich gemäß

$$\Im\{X(\ell)\} = \frac{X(\ell) - X^*(\ell)}{2\mathrm{j}} \ .$$

Wie für den Realteil $\Re\{X(\ell)\}$ wird mit den Signalfolgen $\mathrm{IDFT}\{X(\ell)\} = x(k)$ und $\mathrm{IDFT}\{X^*(\ell)\} = x^*(-k)$ unter Beachtung der Linearität der inversen diskreten FOURIER-

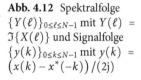

Abb. 4.12 Spektralfolge $\{Y(\ell)\}_{0\le\ell\le N-1}$ mit $Y(\ell) = \Im\{X(\ell)\}$ und Signalfolge $\{y(k)\}_{0\le k\le N-1}$ mit $y(k) = \left(x(k) - x^*(-k)\right)/(2j)$

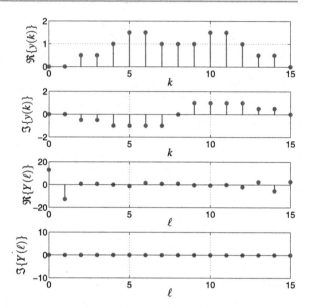

Transformation die resultierende Signalfolge wie folgt berechnet.

$$\text{IDFT}\{\Im\{X(\ell)\}\} = \text{IDFT}\left\{\frac{X(\ell) - X^*(\ell)}{2j}\right\}$$

$$= \frac{\text{IDFT}\{X(\ell)\} - \text{IDFT}\{X^*(\ell)\}}{2j}$$

$$= \frac{x(k) - x^*(-k)}{2j}$$

Die Transformationsvorschrift für den Imaginärteil im Spektralbereich ergibt sich zu

$$\Im\{X(\ell)\} = \frac{X(\ell) - X^*(\ell)}{2j} \quad \bullet\!\!-\!\!\circ \quad \frac{x(k) - x^*(-k)}{2j} \ . \tag{4.13}$$

In Abb. 4.12 sind die Spektralfolge mit den Spektralwerten $Y(\ell) = \Im\{X(\ell)\}$ und den Signalwerten $y(k) = \left(x(k) - x^*(-k)\right)/(2j)$ für die in Abb. 4.5 auf S. 55 gezeigte Signalfolge $\{x(k)\}_{0\le k\le N-1}$ und die Spektralfolge $\{X(\ell)\}_{0\le\ell\le N-1}$ veranschaulicht.

4.6   Verschiebung

4.6.1   Verschiebung im Originalbereich

Die *periodische Verschiebung* der finiten Signalfolge $\{x(k)\}_{0\le k\le N-1}$ um den Versatz k_0 wird unter Beachtung der N-Periodizität der auf die Indexmenge $\mathbb{Z}$ der ganzen Zahlen periodisch fortgesetzten Signalfolge sowie der *modulo*-Rechnung definiert durch

$$y(k) = x(k - k_0) = x(k - k_0 \bmod N) = \begin{cases} x(k + N - k_0), & 0 \le k \le k_0 - 1 \\ x(k - k_0) & , & k_0 \le k \le N - 1 \end{cases}$$

mit $0 \le k_0 \le N - 1$ beziehungsweise ausführlich

$$y(0) = x(N - k_0) \ ,$$

$$y(1) = x(N - k_0 + 1) \ ,$$

$$\vdots$$

$$y(k_0 - 1) = x(N - 1) \ ,$$

$$y(k_0) = x(0) \ ,$$

$$\vdots$$

$$y(N - 1) = x(N - 1 - k_0) \ .$$

Die zugehörige Spektralfolge $Y(\ell) = \mathrm{DFT}\{y(k)\} = \mathrm{DFT}\{x(k - k_0)\}$ ergibt sich mit der Indexersetzung $k - k_0$ durch den Summationsindex k aus der Rechnung

$$\mathrm{DFT}\{x(k - k_0)\} = \sum_{k=0}^{N-1} x(k - k_0) \cdot e^{-j2\pi k\ell/N}$$

$$= \sum_{k=-k_0}^{N-1-k_0} x(k) \cdot e^{-j2\pi(k+k_0)\ell/N}$$

$$= e^{-j2\pi k_0 \ell/N} \sum_{k=-k_0}^{N-1-k_0} x(k) \cdot e^{-j2\pi k\ell/N} \ .$$

Der Summenausdruck folgt unter Beachtung der N-Periodizität der periodisch fortgesetzten finiten Signalfolge $\{x(k)\}_{0 \le k \le N-1}$ gemäß

$$\sum_{k=-k_0}^{N-1-k_0} x(k) \cdot e^{-j2\pi k\ell/N} = \sum_{k=-k_0}^{-1} x(k) \cdot e^{-j2\pi k\ell/N} + \sum_{k=0}^{N-1-k_0} x(k) \cdot e^{-j2\pi k\ell/N}$$

$$= \sum_{k=-k_0}^{-1} x(k + N) \cdot e^{-j2\pi k\ell/N} + \sum_{k=0}^{N-1-k_0} x(k) \cdot e^{-j2\pi k\ell/N} \ .$$

Mit der Indexersetzung $k + N$ durch k in der ersten Summe und Zusammenfassung der Summenausdrücke erhalten wir aufgrund der 2π-Periodizität der harmonischen Funktion

$e^{j\phi}$ den Ausdruck

$$\sum_{k=-k_0}^{N-1-k_0} x(k) \cdot e^{-j2\pi k\ell/N}$$

$$= \sum_{k=-k_0}^{-1} x(k+N) \cdot e^{-j2\pi k\ell/N} + \sum_{k=0}^{N-1-k_0} x(k) \cdot e^{-j2\pi k\ell/N}$$

$$= \sum_{k=N-k_0}^{N-1} x(k) \cdot e^{-j2\pi(k-N)\ell/N} + \sum_{k=0}^{N-1-k_0} x(k) \cdot e^{-j2\pi k\ell/N}$$

$$= \sum_{k=N-k_0}^{N-1} x(k) \cdot e^{-j2\pi k\ell/N} \cdot e^{j2\pi N\ell/N} + \sum_{k=0}^{N-1-k_0} x(k) \cdot e^{-j2\pi k\ell/N}$$

$$= \sum_{k=N-k_0}^{N-1} x(k) \cdot e^{-j2\pi k\ell/N} \cdot e^{j2\pi\ell} + \sum_{k=0}^{N-1-k_0} x(k) \cdot e^{-j2\pi k\ell/N}$$

$$= \sum_{k=N-k_0}^{N-1} x(k) \cdot e^{-j2\pi k\ell/N} + \sum_{k=0}^{N-1-k_0} x(k) \cdot e^{-j2\pi k\ell/N}$$

$$= \sum_{k=0}^{N-1} x(k) \cdot e^{-j2\pi k\ell/N}$$

$$= X(\ell) \ .$$

Zusammengefasst folgt für die um den Versatz k_0 im Originalbereich periodisch verschobene Signalfolge $\{x(k-k_0)\}_{0\leq k\leq N-1}$ die Transformationsvorschrift

$$x(k-k_0) \quad \circ\!\!-\!\!\bullet \quad e^{-j2\pi k_0\ell/N} \cdot X(\ell) \ . \tag{4.14}$$

Die resultierende Spektralfolge mit den Spektralwerten $Y(\ell) = e^{-j2\pi k_0\ell/N} \cdot X(\ell)$ ergibt sich durch Multiplikation der Spektralwerte $X(\ell)$ mit der harmonischen Folge $e^{-j2\pi k_0\ell/N}$. In Abb. 4.13 sind die reelle Signalfolge $\{x(k)\}_{0\leq k\leq N-1}$ und die zugehörige Spektralfolge $\{X(\ell)\}_{0\leq\ell\leq N-1}$ in Polarkoordinaten $X(\ell) = |X(\ell)| \cdot e^{j\phi(\ell)}$ dargestellt, während Abb. 4.14 die verschobene Signalfolge mit den Signalwerten $y(k) = x(k-k_0)$ und $k_0 = 3$ sowie den Spektralwerten $Y(\ell) = e^{-j2\pi k_0\ell/N} \cdot X(\ell) = |Y(\ell)| \cdot e^{j\psi(\ell)}$ zeigt. Die Beziehung zwischen den Polarkoordinaten der finiten Spektralfolgen lautet für den Betrag

$$|Y(\ell)| = \left|e^{-j2\pi k_0\ell/N} \cdot X(\ell)\right| = \left|e^{-j2\pi k_0\ell/N}\right| \cdot |X(\ell)| = |X(\ell)|$$

unter Verwendung des Betrags der harmonischen Funktion $|e^{-j\phi}| = 1$ und für den Winkel

$$\psi(\ell) = \phi(\ell) - \frac{2\pi k_0\ell}{N} \ .$$

Zusammengefasst entspricht die Verschiebung der Signalfolge im Originalbereich einer *Phasendrehung* der Spektralfolge im Spektralbereich.

Abb. 4.13 Signalfolge $\{x(k)\}_{0 \le k \le N-1}$ und Spektralfolge $\{X(\ell)\}_{0 \le \ell \le N-1}$

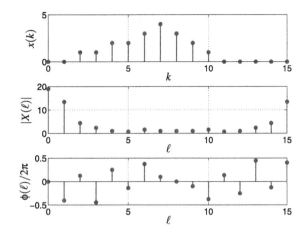

Abb. 4.14 Verschobene Signalfolge $\{y(k)\}_{0 \le k \le N-1}$ mit $y(k) = x(k - k_0)$ und $k_0 = 3$ sowie Spektralfolge $\{Y(\ell)\}_{0 \le \ell \le N-1}$ mit $Y(\ell) = e^{-j2\pi k_0 \ell / N} \cdot X(\ell) = |Y(\ell)| \cdot e^{j\psi(\ell)}$

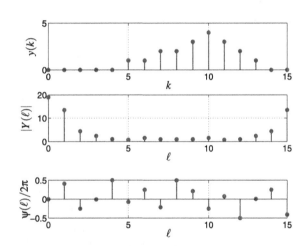

4.6.2 Verschiebung im Spektralbereich

Die *periodische Verschiebung* der finiten Spektralfolge $\{X(\ell)\}_{0 \le \ell \le N-1}$ um den Versatz ℓ_0 mit $0 \le \ell_0 \le N - 1$ ist definiert gemäß

$$Y(\ell) = X(\ell - \ell_0) = X(\ell - \ell_0 \bmod N) = \begin{cases} X(\ell + N - \ell_0), & 0 \le \ell \le \ell_0 - 1 \\ X(\ell - \ell_0) \ , & \ell_0 \le \ell \le N - 1 \end{cases}$$

unter Beachtung der N-Periodizität beziehungsweise ausführlich

$$Y(0) = X(N - \ell_0) \ ,$$

$$Y(1) = X(N - \ell_0 + 1) \ ,$$

$$\vdots$$

$$Y(\ell_0 - 1) = X(N - 1) \ ,$$

$$Y(\ell_0) = X(0) \ ,$$

$$\vdots$$

$$Y(N - 1) = X(N - 1 - \ell_0) \ .$$

Die zugehörige Signalfolge $y(k) = \mathrm{IDFT}\{Y(\ell)\} = \mathrm{IDFT}\{X(\ell - \ell_0)\}$ folgt mit der Indexersetzung von $\ell - \ell_0$ durch den Summationsindex ℓ gemäß

$$\mathrm{IDFT}\{X(\ell - \ell_0)\} = \frac{1}{N} \sum_{\ell=0}^{N-1} X(\ell - \ell_0) \cdot \mathrm{e}^{\mathrm{j}2\pi k\ell/N}$$

$$= \frac{1}{N} \sum_{\ell=-\ell_0}^{N-1-\ell_0} X(\ell) \cdot \mathrm{e}^{\mathrm{j}2\pi k(\ell+\ell_0)/N}$$

$$= \mathrm{e}^{\mathrm{j}2\pi k\ell_0/N} \cdot \frac{1}{N} \sum_{\ell=-\ell_0}^{N-1-\ell_0} X(\ell) \cdot \mathrm{e}^{\mathrm{j}2\pi k\ell/N} \ .$$

Wie im Fall der periodischen Verschiebung im Originalbereich ergibt sich der Summenausdruck unter Beachtung der N-Periodizität der periodisch fortgesetzten Spektralfolge $\{X(\ell)\}_{0 \le \ell \le N-1}$, einer geeigneten Indexersetzung von $\ell + N$ durch den Summationsindex ℓ sowie der 2π-Periodizität der harmonischen Funktion $\mathrm{e}^{-\mathrm{j}\phi}$ aus der folgenden Rechnung.

$$\frac{1}{N} \sum_{\ell=-\ell_0}^{N-1-\ell_0} X(\ell) \cdot \mathrm{e}^{\mathrm{j}2\pi k\ell/N}$$

$$= \frac{1}{N} \sum_{\ell=-\ell_0}^{-1} X(\ell) \cdot \mathrm{e}^{\mathrm{j}2\pi k\ell/N} + \frac{1}{N} \sum_{\ell=0}^{N-1-\ell_0} X(\ell) \cdot \mathrm{e}^{\mathrm{j}2\pi k\ell/N}$$

$$= \frac{1}{N} \sum_{\ell=-\ell_0}^{-1} X(\ell + N) \cdot \mathrm{e}^{\mathrm{j}2\pi k\ell/N} + \frac{1}{N} \sum_{\ell=0}^{N-1-\ell_0} X(\ell) \cdot \mathrm{e}^{\mathrm{j}2\pi k\ell/N}$$

$$= \frac{1}{N} \sum_{\ell=N-\ell_0}^{N-1} X(\ell) \cdot \mathrm{e}^{\mathrm{j}2\pi k(\ell-N)/N} + \frac{1}{N} \sum_{\ell=0}^{N-1-\ell_0} X(\ell) \cdot \mathrm{e}^{\mathrm{j}2\pi k\ell/N}$$

$$= \frac{1}{N} \sum_{\ell=N-\ell_0}^{N-1} X(\ell) \cdot \mathrm{e}^{\mathrm{j}2\pi k\ell/N} \cdot \mathrm{e}^{-\mathrm{j}2\pi kN/N} + \frac{1}{N} \sum_{\ell=0}^{N-1-\ell_0} X(\ell) \cdot \mathrm{e}^{\mathrm{j}2\pi k\ell/N}$$

$$= \frac{1}{N} \sum_{\ell=N-\ell_0}^{N-1} X(\ell) \cdot \mathrm{e}^{\mathrm{j}2\pi k\ell/N} \cdot \mathrm{e}^{-\mathrm{j}2\pi k} + \frac{1}{N} \sum_{\ell=0}^{N-1-\ell_0} X(\ell) \cdot \mathrm{e}^{\mathrm{j}2\pi k\ell/N}$$

$$= \frac{1}{N} \sum_{\ell=N-\ell_0}^{N-1} X(\ell) \cdot \mathrm{e}^{\mathrm{j}2\pi k\ell/N} + \frac{1}{N} \sum_{\ell=0}^{N-1-\ell_0} X(\ell) \cdot \mathrm{e}^{\mathrm{j}2\pi k\ell/N}$$

$$= \frac{1}{N} \sum_{\ell=0}^{N-1} X(\ell) \cdot \mathrm{e}^{\mathrm{j}2\pi k\ell/N}$$

$$= x(k)$$

Zusammengefasst folgt für die um den Versatz ℓ_0 periodisch verschobene Spektralfolge $\{X(\ell-\ell_0)\}_{0\leq\ell\leq N-1}$ die Transformationsvorschrift

$$X(\ell-\ell_0) \quad \bullet\!\!-\!\!\circ \quad \mathrm{e}^{\mathrm{j}2\pi k\ell_0/N} \cdot x(k) \ . \tag{4.15}$$

Die periodische Verschiebung der Spektralfolge im Spektralbereich entspricht im Original-bereich einer Multiplikation der ursprünglichen Signalfolge mit der harmonischen Folge $\mathrm{e}^{\mathrm{j}2\pi k\ell_0/N}$. Abbildung 4.15 stellt die finite Signalfolge mit den Signalwerten $y(k) = \mathrm{e}^{\mathrm{j}2\pi k\ell_0/N} \cdot x(k)$ für $\ell_0 = 3$ und die verschobene Spektralfolge mit den Spektralwerten $Y(\ell) = X(\ell-\ell_0)$ für die reelle Signalfolge $\{x(k)\}_{0\leq k\leq N-1}$ und die Spektralfolge $\{X(\ell)\}_{0\leq\ell\leq N-1}$ in Abb. 4.1 auf S. 48 dar. Wie wir in Kap. 5 herleiten werden, stellt die harmonische Folge $\mathrm{e}^{\mathrm{j}2\pi k\ell_0/N}$ eine Signalfolge mit einem Spektralanteil an der Stelle ℓ_0 beziehungsweise ℓ_0/N dar. Die Multiplikation einer Signalfolge mit einer solchen harmonischen Folge entsprechend der Verschiebung der Spektralfolge um den Versatz ℓ_0 repräsentiert eine *Modulation*.

Abb. 4.15 Signalfolge $\{y(k)\}_{0\leq k\leq N-1}$ mit $y(k) = \mathrm{e}^{\mathrm{j}2\pi k\ell_0/N} \cdot x(k)$ und $\ell_0 = 3$ sowie verschobene Spektralfolge $\{Y(\ell)\}_{0\leq\ell\leq N-1}$ mit $Y(\ell) = X(\ell-\ell_0)$

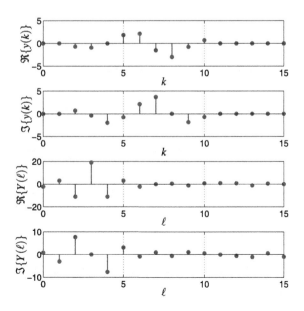

4.7 Multiplikation

4.7.1 Multiplikation im Originalbereich

Die Multiplikation der finiten Signalfolgen $\{x(k)\}_{0 \le k \le N-1}$ und $\{y(k)\}_{0 \le k \le N-1}$ führt für die diskrete FOURIER-Transformation unter Verwendung der Rücktransformationsformel $x(k) = \text{IDFT}\{X(\ell)\}$ und der Hintransformationsformel $Y(\ell) = \text{DFT}\{y(k)\}$ auf die folgende Spektralfolge

$$
\begin{aligned}
\text{DFT}\{x(k) \cdot y(k)\} &= \sum_{k=0}^{N-1} x(k) \cdot y(k) \cdot e^{-j2\pi k\ell/N} \\
&= \sum_{k=0}^{N-1} \left(\frac{1}{N} \sum_{\lambda=0}^{N-1} X(\lambda) \cdot e^{j2\pi k\lambda/N} \right) \cdot y(k) \cdot e^{-j2\pi k\ell/N} \\
&= \frac{1}{N} \sum_{k=0}^{N-1} \sum_{\lambda=0}^{N-1} X(\lambda) \cdot y(k) \cdot e^{-j2\pi k(\ell-\lambda)/N} \\
&= \frac{1}{N} \sum_{\lambda=0}^{N-1} X(\lambda) \cdot \left(\sum_{k=0}^{N-1} y(k) \cdot e^{-j2\pi k(\ell-\lambda)/N} \right) \\
&= \frac{1}{N} \sum_{\lambda=0}^{N-1} X(\lambda) \cdot Y(\ell-\lambda) \ .
\end{aligned}
$$

Unter Verwendung der *modulo*-Rechnung wird die resultierende signaltheoretische Operation

$$
\sum_{\lambda=0}^{N-1} X(\lambda) \cdot Y(\ell-\lambda) = \sum_{\lambda=0}^{N-1} X(\lambda) \cdot Y(\ell-\lambda \mod N) = X(\ell) \star Y(\ell) \tag{4.16}
$$

als *zirkulare*, *zyklische* oder *periodische Faltung* bezeichnet. Bei der Berechnung dieser periodischen Faltung ist die Periodizität der auf der Indexmenge $\mathbb{Z}$ der ganzen Zahlen periodisch fortgesetzten finiten Spektralfolge $\{Y(\ell)\}_{0 \le \ell \le N-1}$ mit der Periode N zu beachten. Die Multiplikation der finiten Signalfolgen im Originalbereich entspricht somit – bis auf die zusätzliche Division durch den Wert N – der periodischen Faltung der finiten Spektralfolgen im Spektralbereich gemäß der folgenden Transformationsvorschrift.

$$
x(k) \cdot y(k) \quad \circ\!\!-\!\!\bullet \quad \frac{1}{N} \cdot X(\ell) \star Y(\ell) = \frac{1}{N} \sum_{\lambda=0}^{N-1} X(\lambda) \cdot Y(\ell-\lambda) \tag{4.17}
$$

Die aus der periodischen Faltung $X(\ell) \star Y(\ell)$ resultierende Folge wird auch als *Faltungsprodukt* bezeichnet. Wie leicht anhand der Definition hergeleitet werden kann, ist die periodische Faltung im Spektralbereich *kommutativ*, *assoziativ* und *distributiv* bezüglich

Abb. 4.16 Reelle Signalfolgen $\{x(k)\}_{0 \le k \le N-1}$ und
$\{y(k)\}_{0 \le k \le N-1}$ sowie Spektralfolgen $\{X(\ell)\}_{0 \le \ell \le N-1}$ und
$\{Y(\ell)\}_{0 \le \ell \le N-1}$

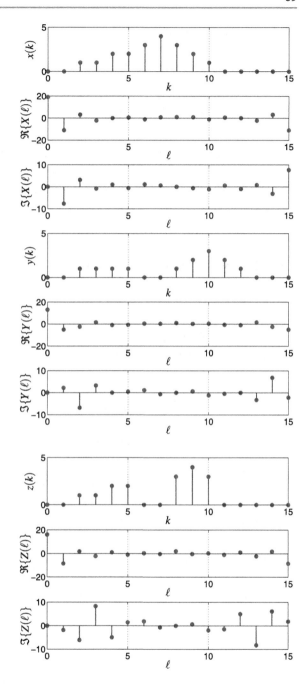

Abb. 4.17 Signalfolge
$\{z(k)\}_{0 \le k \le N-1}$ mit $z(k) =$
$x(k) \cdot y(k)$ und Spektralfol-
ge $\{Z(\ell)\}_{0 \le \ell \le N-1}$ mit $Z(\ell) =$
$X(\ell) \star Y(\ell)/N$

der Addition, das heißt es gilt

Kommutativität $\qquad\qquad\qquad X(\ell) \star Y(\ell) = Y(\ell) \star X(\ell)$,

Assoziativität $\qquad\qquad (X(\ell) \star Y(\ell)) \star Z(\ell) = X(\ell) \star (Y(\ell) \star Z(\ell))$,

Distributivität $\qquad (X(\ell) + Y(\ell)) \star Z(\ell) = X(\ell) \star Z(\ell) + Y(\ell) \star Z(\ell)$.

In Abb. 4.16 sind die reellen Signalfolgen $\{x(k)\}_{0 \leq k \leq N-1}$ und $\{y(k)\}_{0 \leq k \leq N-1}$ sowie die Spektralfolgen $\{X(\ell)\}_{0 \leq \ell \leq N-1}$ und $\{Y(\ell)\}_{0 \leq \ell \leq N-1}$ dargestellt, während Abb. 4.17 die Signalfolge $\{z(k)\}_{0 \leq k \leq N-1}$ mit $z(k) = x(k) \cdot y(k)$ sowie die Spektralfolge $\{Z(\ell)\}_{0 \leq \ell \leq N-1}$ mit $Z(\ell) = X(\ell) \star Y(\ell)/N$ zeigt.

4.7.2 Multiplikation im Spektralbereich

Die Multiplikation der Spektralfolgen $\{X(\ell)\}_{0 \leq \ell \leq N-1}$ und $\{Y(\ell)\}_{0 \leq \ell \leq N-1}$ im Spektralbereich führt mit einer ähnlichen Rechnung wie im Fall der Multiplikation im Originalbereich auf die periodische Faltung der Signalfolgen $\{x(k)\}_{0 \leq k \leq N-1}$ und $\{y(k)\}_{0 \leq k \leq N-1}$ im Originalbereich, wie die folgende Rechnung zeigt.

$$
\begin{aligned}
\text{IDFT}\,\{X(\ell) \cdot Y(\ell)\} &= \frac{1}{N} \sum_{\ell=0}^{N-1} X(\ell) \cdot Y(\ell) \cdot e^{j2\pi k\ell/N} \\
&= \frac{1}{N} \sum_{\ell=0}^{N-1} \left(\sum_{\kappa=0}^{N-1} x(\kappa) \cdot e^{-j2\pi\kappa\ell/N} \right) \cdot Y(\ell) \cdot e^{j2\pi k\ell/N} \\
&= \frac{1}{N} \sum_{\ell=0}^{N-1} \sum_{\kappa=0}^{N-1} x(\kappa) \cdot Y(\ell) \cdot e^{j2\pi(k-\kappa)\ell/N} \\
&= \sum_{\kappa=0}^{N-1} x(\kappa) \cdot \left(\frac{1}{N} \sum_{\ell=0}^{N-1} Y(\ell) \cdot e^{j2\pi(k-\kappa)\ell/N} \right) \\
&= \sum_{\kappa=0}^{N-1} x(\kappa) \cdot y(k-\kappa)
\end{aligned}
$$

Die auftretende signaltheoretische Operation

$$
\sum_{\kappa=0}^{N-1} x(\kappa) \cdot y(k-\kappa) = \sum_{\kappa=0}^{N-1} x(\kappa) \cdot y(k-\kappa \text{ mod } N) = x(k) \star y(k) \qquad (4.18)
$$

entspricht erneut der *periodischen Faltung*, die hier im Originalbereich berechnet wird unter Berücksichtigung der N-Periodizität der finiten Signalfolgen. Die Multiplikation im Spektralbereich der korrespondierenden finiten Spektralfolgen entspricht der periodischen

Abb. 4.18 Signalfolge $\{z(k)\}_{0 \le k \le N-1}$ mit $z(k) = x(k) \star y(k)$ und Spektralfolge $\{Z(\ell)\}_{0 \le \ell \le N-1}$ mit $Z(\ell) = X(\ell) \cdot Y(\ell)$

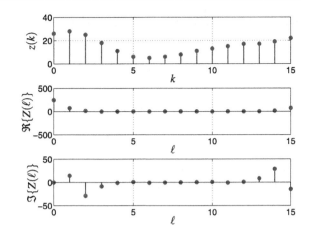

Faltung der Signalfolgen im Originalbereich gemäß der Transformationsvorschrift

$$X(\ell) \cdot Y(\ell) \quad \bullet\!\!-\!\!\circ \quad x(k) \star y(k) = \sum_{\kappa=0}^{N-1} x(\kappa) \cdot y(k-\kappa) \qquad (4.19)$$

mit dem Faltungsprodukt $x(k) \star y(k)$. Wie im Spektralbereich ist die periodische Faltung im Originalbereich ebenfalls *kommutativ*, *assoziativ* und *distributiv* bezüglich der Addition, das heißt es gilt

Kommutativität $\qquad\qquad\qquad\qquad\qquad x(k) \star y(k) = y(k) \star x(k)$,

Assoziativität $\qquad\qquad (x(k) \star y(k)) \star z(k) = x(k) \star (y(k) \star z(k))$,

Distributivität $\qquad\quad (x(k) + y(k)) \star z(k) = x(k) \star z(k) + y(k) \star z(k)$.

In Abb. 4.18 sind die Signalfolge $\{z(k)\}_{0 \le k \le N-1}$ mit $z(k) = x(k) \star y(k)$ und die Spektralfolge $\{Z(\ell)\}_{0 \le \ell \le N-1}$ mit $Z(\ell) = X(\ell) \cdot Y(\ell)$ für die in Abb. 4.16 auf S. 69 dargestellten reellen Signalfolgen $\{x(k)\}_{0 \le k \le N-1}$ und $\{y(k)\}_{0 \le k \le N-1}$ sowie die Spektralfolgen $\{X(\ell)\}_{0 \le \ell \le N-1}$ und $\{Y(\ell)\}_{0 \le \ell \le N-1}$ veranschaulicht.

4.8 Periodische Faltung

4.8.1 Periodische Faltung im Originalbereich

Wie im Abschn. 4.7.2 hergeleitet führt die periodische Faltung der Signalfolgen $\{x(k)\}_{0 \le k \le N-1}$ und $\{y(k)\}_{0 \le k \le N-1}$ im Originalbereich auf die Multiplikation der Spektralfolgen $\{X(\ell)\}_{0 \le \ell \le N-1}$ und $\{Y(\ell)\}_{0 \le \ell \le N-1}$ im Spektralbereich, das heißt es gilt für das

Faltungsprodukt die Transformationsvorschrift

$$x(k) \star y(k) = \sum_{\kappa=0}^{N-1} x(\kappa) \cdot y(k-\kappa) \quad \circ\!\!-\!\!\bullet \quad X(\ell) \cdot Y(\ell) \; . \qquad (4.20)$$

Abbildung 4.18 veranschaulicht bereits die periodische Faltung im Originalbereich.

Beispiel 4.1

Als Beispiel betrachten wir die periodische Faltung der finiten Signalfolgen $\{x(k)\}_{0 \le k \le N-1}$ und $\{y(k)\}_{0 \le k \le N-1}$ der Länge $N = 4$. Gemäß der Vorschrift

$$z(k) = x(k) \star y(k)$$

$$= \sum_{\kappa=0}^{3} x(\kappa) \cdot y(k-\kappa)$$

$$= x(0) \cdot y(k) + x(1) \cdot y(k-1) + x(2) \cdot y(k-2) + x(3) \cdot y(k-3)$$

folgen aufgrund der periodischen Fortsetzung der Signalfolge $\{y(k)\}_{0 \le k \le N-1}$ sowie der *modulo*-Rechnung $y(k-\kappa) = y(k - \kappa \bmod N)$ die ausführlichen Beziehungen

$$z(0) = x(0) \cdot y(0) + x(1) \cdot y(-1) + x(2) \cdot y(-2) + x(3) \cdot y(-3)$$
$$= x(0) \cdot y(0) + x(1) \cdot y(3) + x(2) \cdot y(2) + x(3) \cdot y(1) \; ,$$
$$z(1) = x(0) \cdot y(1) + x(1) \cdot y(0) + x(2) \cdot y(-1) + x(3) \cdot y(-2)$$
$$= x(0) \cdot y(1) + x(1) \cdot y(0) + x(2) \cdot y(3) + x(3) \cdot y(2) \; ,$$
$$z(2) = x(0) \cdot y(2) + x(1) \cdot y(1) + x(2) \cdot y(0) + x(3) \cdot y(-1)$$
$$= x(0) \cdot y(2) + x(1) \cdot y(1) + x(2) \cdot y(0) + x(3) \cdot y(3) \; ,$$
$$z(3) = x(0) \cdot y(3) + x(1) \cdot y(2) + x(2) \cdot y(1) + x(3) \cdot y(0)$$

für das resultierende Faltungsprodukt $z(k)$.   ◇

Beispiel 4.2

Für die periodische Faltung berechnen wir das Faltungsprodukt

$$z(k) = x(k) \star y(k) = \sum_{\kappa=0}^{N-1} x(\kappa) \cdot y(k-\kappa) = \sum_{\kappa=0}^{N-1} x(\kappa) \cdot y(-[\kappa - k])$$

der Signalfolgen $\{x(k)\}_{0 \le k \le N-1}$ und $\{y(k)\}_{0 \le k \le N-1}$ im Originalbereich. Bei der Bildung der Summe für die periodische Faltung wird $y(\kappa)$ zunächst gespiegelt $y(-\kappa) = y(-\kappa \bmod N)$ und anschließend um den Index k periodisch verschoben $y(-[\kappa - k]) = y(-[\kappa - k] \bmod N)$. Anschließend wird Signalwert für Signalwert mit $x(\kappa)$ multipliziert gemäß $x(\kappa) \cdot y(-[\kappa - k])$ für $0 \le \kappa \le N-1$ und entsprechend $\sum_{\kappa=0}^{N-1} x(\kappa) \cdot y(-[\kappa - k])$

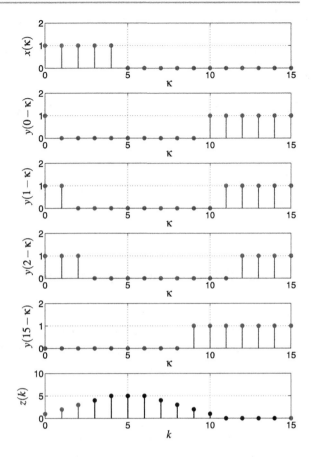

Abb. 4.19 Periodische Faltung der Signalfolgen $\{x(k)\}_{0\le k\le N-1}$ und $\{y(k)\}_{0\le k\le N-1}$ mit dem Faltungsprodukt $\{z(k)\}_{0\le k\le N-1}$ und $z(k) = x(k) \star y(k)$

aufsummiert. Wie in Abb. 4.19 für die Länge $N = 16$ veranschaulicht gilt ausführlich

$$
\begin{aligned}
z(0) &= x(0) \cdot y(0) + x(1) \cdot y(-1) + x(2) \cdot y(-2) + \ldots + x(15) \cdot y(-15) \\
&= x(0) \cdot y(0) + x(1) \cdot y(15) + x(2) \cdot y(14) + \ldots + x(15) \cdot y(1) \;, \\
z(1) &= x(0) \cdot y(1) + x(1) \cdot y(0) + x(2) \cdot y(-1) + \ldots + x(15) \cdot y(-14) \\
&= x(0) \cdot y(1) + x(1) \cdot y(0) + x(2) \cdot y(15) + \ldots + x(15) \cdot y(2) \;, \\
z(2) &= x(0) \cdot y(2) + x(1) \cdot y(1) + x(2) \cdot y(0) + \ldots + x(15) \cdot y(-13) \\
&= x(0) \cdot y(2) + x(1) \cdot y(1) + x(2) \cdot y(0) + \ldots + x(15) \cdot y(3) \;, \\
&\;\;\vdots \\
z(15) &= x(0) \cdot y(15) + x(1) \cdot y(14) + x(2) \cdot y(13) + \ldots + x(15) \cdot y(0)
\end{aligned}
$$

unter Beachtung der N-Periodizität der finiten Signalfolge $\{y(k)\}_{0\le k\le N-1}$.

◇

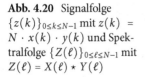

Abb. 4.20 Signalfolge $\{z(k)\}_{0\leq k\leq N-1}$ mit $z(k) = N \cdot x(k) \cdot y(k)$ und Spektralfolge $\{Z(\ell)\}_{0\leq \ell\leq N-1}$ mit $Z(\ell) = X(\ell) \star Y(\ell)$

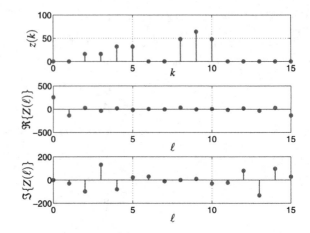

4.8.2 Periodische Faltung im Spektralbereich

Für die periodische Faltung der Spektralfolgen $\{X(\ell)\}_{0\leq \ell\leq N-1}$ und $\{Y(\ell)\}_{0\leq \ell\leq N-1}$ wird – bis auf den Vorfaktor N – die Multiplikation der korrespondierenden Signalfolgen $\{x(k)\}_{0\leq k\leq N-1}$ und $\{y(k)\}_{0\leq k\leq N-1}$ erhalten gemäß der Transformationsvorschrift

$$X(\ell) \star Y(\ell) = \sum_{\lambda=0}^{N-1} X(\lambda) \cdot Y(\ell-\lambda) \quad \bullet\!\!-\!\!\circ \quad N \cdot x(k) \cdot y(k) \ . \qquad (4.21)$$

In Abb. 4.20 sind die Signalfolge $\{z(k)\}_{0\leq k\leq N-1}$ mit $z(k) = N \cdot x(k) \cdot y(k)$ und die Spektralfolge $\{Z(\ell)\}_{0\leq \ell\leq N-1}$ mit $Z(\ell) = X(\ell) \star Y(\ell)$ für die in Abb. 4.16 auf S. 69 dargestellten reellen Signalfolgen $\{x(k)\}_{0\leq k\leq N-1}$ und $\{y(k)\}_{0\leq k\leq N-1}$ sowie die Spektralfolgen $\{X(\ell)\}_{0\leq \ell\leq N-1}$ und $\{Y(\ell)\}_{0\leq \ell\leq N-1}$ veranschaulicht.

4.9 Symmetrie

Wie aus den vorangegangenen Abschnitten ersichtlich wird, gelten für die diskrete Fourier-Transformation ähnliche Eigenschaften für die Operationen im Originalbereich und im Spektralbereich. Der Grund hierfür liegt an dem ähnlichen Aufbau der Transformationsformeln der diskreten Fourier-Transformation DFT und ihrer inversen diskreten Fourier-Transformation IDFT. Zur Herleitung der Symmetrieeigenschaft gehen wir von den Transformationsformeln mit den Indizes κ und λ in den Original- und Spektralbereichen aus. Es gilt

$$X(\lambda) = \sum_{\kappa=0}^{N-1} x(\kappa) \cdot e^{-j2\pi\kappa\lambda/N} \quad \bullet\!\!-\!\!\circ \quad x(\kappa) = \frac{1}{N} \sum_{\lambda=0}^{N-1} X(\lambda) \cdot e^{j2\pi\kappa\lambda/N}$$

mit den Indizes $0 \le \kappa, \lambda \le N - 1$. Aus der Rücktransformationsformel folgt nach Multiplikation mit N

$$N \cdot x(\kappa) = \sum_{\lambda=0}^{N-1} X(\lambda) \cdot e^{j2\pi\kappa\lambda/N}$$

sowie durch Ersetzen von κ durch den Index $-\kappa$

$$N \cdot x(-\kappa) = \sum_{\lambda=0}^{N-1} X(\lambda) \cdot e^{-j2\pi\kappa\lambda/N} \ .$$

Durch Umbenennung der Indizes $\kappa = \ell$ und $\lambda = k$ ergibt sich

$$N \cdot x(-\ell) = \sum_{k=0}^{N-1} X(k) \cdot e^{-j2\pi k\ell/N} \ .$$

Diese Formel führt auf die Hintransformation

$$N \cdot x(-\ell) = \mathrm{DFT}\left\{X(k)\right\}$$

mit der Signalfolge $\{X(k)\}_{0 \le k \le N-1}$, die der ursprünglichen Spektralfolge durch Vertauschen der Indizes k und ℓ in den Original- und Spektralbereichen entspricht. Hierbei ist für die Spiegelung $x(-\ell)$ die N-Periodizität der Signalfolge zu beachten, das heißt es gilt

$$x(-\ell) = x(-\ell \bmod N) = \begin{cases} x(0) & , \quad \ell = 0 \\ x(N - \ell), & 1 \le \ell \le N - 1 \end{cases} \ .$$

Zur Probe setzen wir die berechnete Spektralfolge $\{N \cdot x(-\ell)\}_{0 \le \ell \le N-1}$ in die Rücktransformationsformel der diskreten FOURIER-Transformation ein und erhalten

$$\begin{aligned} \mathrm{IDFT}\left\{N \cdot x(-\ell)\right\} &= \frac{1}{N} \sum_{\ell=0}^{N-1} N \cdot x(-\ell) \cdot e^{j2\pi k\ell/N} \\ &= \sum_{\ell=0}^{N-1} x(-\ell) \cdot e^{j2\pi k\ell/N} \\ &= x(0) + \sum_{\ell=1}^{N-1} x(-\ell) \cdot e^{j2\pi k\ell/N} \\ &= x(0) + \sum_{\ell=1}^{N-1} x(N - \ell) \cdot e^{j2\pi k\ell/N} \ . \end{aligned}$$

Wird der Index $N - \ell$ durch den Index ℓ ersetzt, so folgt

$$\mathrm{IDFT}\left\{N \cdot x(-\ell)\right\} = x(0) + \sum_{\ell=1}^{N-1} x(N - \ell) \cdot e^{j2\pi k\ell/N}$$

$$= x(0) + \sum_{\ell=N-1}^{1} x(\ell) \cdot e^{j2\pi k(N-\ell)/N}$$

$$= x(0) + \sum_{\ell=1}^{N-1} x(\ell) \cdot e^{j2\pi kN/N} \cdot e^{-j2\pi k\ell/N}$$

$$= x(0) + \sum_{\ell=1}^{N-1} x(\ell) \cdot e^{j2\pi k} \cdot e^{-j2\pi k\ell/N}$$

$$= x(0) + \sum_{\ell=1}^{N-1} x(\ell) \cdot e^{-j2\pi k\ell/N}$$

$$= \sum_{\ell=0}^{N-1} x(\ell) \cdot e^{-j2\pi k\ell/N}$$

$$= X(k)$$

unter Verwendung der 2π-Periodizität der harmonischen Funktion $e^{j\phi}$. Es gilt also

$$X(k) = \text{IDFT} \{N \cdot x(-\ell)\} \quad .$$

Zusammengefasst folgt somit für das Transformationspaar $x(k) \circ\!\!-\!\!\bullet X(\ell)$ die hergeleitete *Symmetrie* der diskreten FOURIER-Transformation

$$X(k) \quad \circ\!\!-\!\!\bullet \quad N \cdot x(-\ell) \quad . \tag{4.22}$$

Diese Symmetrieeigenschaft besagt, dass sich bei Interpretation der ursprünglichen Spektralfolge $\{X(k)\}_{0 \le k \le N-1}$ die zugehörige Spektralfolge $\{N \cdot x(-\ell)\}_{0 \le \ell \le N-1}$ ergibt, die der gespiegelten und mit dem Faktor N multiplizierten ursprünglichen Signalfolge entspricht. In Abb. 4.21 ist die Symmetrieeigenschaft der diskreten FOURIER-Transformation für die in Abb. 4.5 auf S. 55 gezeigte komplexe Signalfolge $\{x(k)\}_{0 \le k \le N-1}$ mit der zugehörigen Spektralfolge $\{X(\ell)\}_{0 \le \ell \le N-1}$ veranschaulicht.

4.10 Periodische Korrelation

4.10.1 Periodische Kreuzkorrelation

Eine in der Signaltheorie und Signalverarbeitung wichtige Operation stellt die Korrelation zweier Signalfolgen dar. Da wir uns im Rahmen der diskreten FOURIER-Transformation mit finiten Signalfolgen befassen, ist die so genannte *zirkulare, zyklische* oder *periodische Korrelation* der beiden finiten Signalfolgen $\{x(k)\}_{0 \le k \le N-1}$ und $\{y(k)\}_{0 \le k \le N-1}$ definiert durch die *Kreuzkorrelationsfolge*

$$r_{xy}(k) = \sum_{\kappa=0}^{N-1} x(\kappa) \cdot y^*(\kappa - k) = \sum_{\kappa=0}^{N-1} x(\kappa) \cdot y^*(\kappa - k \bmod N) \quad . \tag{4.23}$$

Abb. 4.21 Symmetrie der Signalfolge $\{X(k)\}_{0 \leq k \leq N-1}$ und der Spektralfolge $\{N \cdot x(-\ell)\}_{0 \leq \ell \leq N-1}$

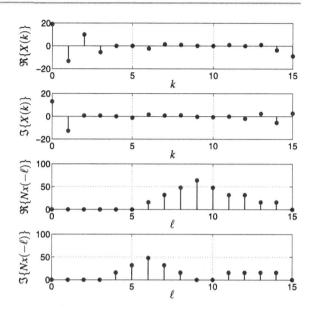

Es besteht ein enger Zusammenhang zur periodischen Faltung, wie die folgende Rechnung zeigt.

$$r_{xy}(k) = \sum_{\kappa=0}^{N-1} x(\kappa) \cdot y^*(\kappa - k) = \sum_{\kappa=0}^{N-1} x(\kappa) \cdot y^*(-[k - \kappa]) = x(k) \star y^*(-k)$$

Die periodische Kreuzkorrelation kann durch die periodische Faltung der Signalfolge $\{x(k)\}_{0 \leq k \leq N-1}$ mit der gespiegelten und konjugiert komplexen Signalfolge $\{y^*(-k)\}_{0 \leq k \leq N-1}$ berechnet werden. Mit den Spektralfolgen DFT $\{x(k)\} = X(\ell)$ und DFT $\{y^*(-k)\} = Y^*(\ell)$ folgt die Spektralfolge $\{R_{xy}(\ell)\}_{0 \leq \ell \leq N-1}$ der Kreuzkorrelationsfolge $\{r_{xy}(k)\}_{0 \leq k \leq N-1}$ zu

$$r_{xy}(k) = \sum_{\kappa=0}^{N-1} x(\kappa) \cdot y^*(\kappa - k) \quad \circ\!\!-\!\!\bullet \quad R_{xy}(\ell) = X(\ell) \cdot Y^*(\ell) \ . \qquad (4.24)$$

In Abb. 4.22 sind die Kreuzkorrelationsfolge und die zugehörige Spektralfolge für die in Abb. 4.16 auf S. 69 dargestellten reellen Signalfolgen mit den zugehörigen Spektralfolgen gezeigt.[1]

Für $k = 0$ ergibt sich aus der Kreuzkorrelationsfolge das *Skalarprodukt*

$$r_{xy}(0) = \sum_{\kappa=0}^{N-1} x(\kappa) \cdot y^*(\kappa)$$

---

[1] In der digitalen Signalverarbeitung wird die so genannte *spektrale Kreuzenergiedichte* oder das *Kreuzenergiedichtespektrum* üblicherweise mit $S_{xy}(\ell)$ anstelle von $R_{xy}(\ell)$ bezeichnet.

Abb. 4.22 Periodische Kreuzkorrelationsfolge $\{r_{xy}(k)\}_{0 \le k \le N-1}$ mit $r_{xy}(k) = x(k) \star y^*(-k)$ und Spektralfolge $\{R_{xy}(\ell)\}_{0 \le \ell \le N-1}$ mit $R_{xy}(\ell) = X(\ell) \cdot Y^*(\ell)$

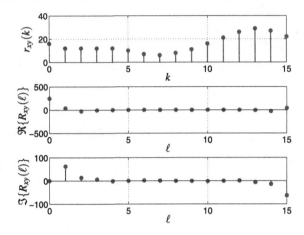

der Signalfolgen $\{x(k)\}_{0 \le k \le N-1}$ und $\{y(k)\}_{0 \le k \le N-1}$. Mit der Rücktransformationsformel der diskreten FOURIER-Transformation für die Kreuzkorrelationsfolge

$$r_{xy}(k) = \text{IDFT}\left\{R_{xy}(\ell)\right\} = \frac{1}{N} \sum_{\ell=0}^{N-1} R_{xy}(\ell) \cdot e^{j2\pi k\ell/N}$$

folgt unter Verwendung von $R_{xy}(\ell) = X(\ell) \cdot Y^*(\ell)$ die Kreuzkorrelationsfolge für den Index $k = 0$

$$r_{xy}(0) = \frac{1}{N} \sum_{\ell=0}^{N-1} R_{xy}(\ell) \cdot e^{j2\pi \cdot 0 \cdot \ell/N} = \frac{1}{N} \sum_{\ell=0}^{N-1} R_{xy}(\ell) = \frac{1}{N} \sum_{\ell=0}^{N-1} X(\ell) \cdot Y^*(\ell) \ .$$

Es gilt somit eine ähnliche Berechnungsvorschrift im Original- und im Spektralbereich entsprechend

$$\sum_{k=0}^{N-1} x(k) \cdot y^*(k) = \frac{1}{N} \sum_{\ell=0}^{N-1} X(\ell) \cdot Y^*(\ell) \ . \tag{4.25}$$

4.10.1.1 Vektordarstellung

Mit Hilfe der N-dimensionalen Signalvektoren

$$\boldsymbol{x} = \begin{pmatrix} x(0) \\ x(1) \\ \vdots \\ x(N-1) \end{pmatrix} \quad \text{und} \quad \boldsymbol{y} = \begin{pmatrix} y(0) \\ y(1) \\ \vdots \\ y(N-1) \end{pmatrix}$$

ist das Skalarprodukt im Originalbereich definiert gemäß

$$\langle \boldsymbol{x}, \boldsymbol{y} \rangle = \sum_{k=0}^{N-1} x(k) \cdot y^*(k) \ . \tag{4.26}$$

Entsprechend folgt im Spektralbereich mit den Spektralvektoren

$$\boldsymbol{X} = \begin{pmatrix} X(0) \\ X(1) \\ \vdots \\ X(N-1) \end{pmatrix} \quad \text{und} \quad \boldsymbol{Y} = \begin{pmatrix} Y(0) \\ Y(1) \\ \vdots \\ Y(N-1) \end{pmatrix}$$

für das Skalarprodukt im Spektralbereich

$$\langle \boldsymbol{X}, \boldsymbol{Y} \rangle = \sum_{\ell=0}^{N-1} X(\ell) \cdot Y^*(\ell) \; . \tag{4.27}$$

Insgesamt erhalten wir für das Skalarprodukt im Originalbereich und im Spektralbereich

$$\langle x, y \rangle = \frac{1}{N} \cdot \langle \boldsymbol{X}, \boldsymbol{Y} \rangle \; . \tag{4.28}$$

4.10.2 Periodische Autokorrelation

Für $y(k) = x(k)$ ergibt sich die *Autokorrelationsfolge*

$$r_{xx}(k) = \sum_{\kappa=0}^{N-1} x(\kappa) \cdot x^*(\kappa - k) = \sum_{\kappa=0}^{N-1} x(\kappa) \cdot x^*(\kappa - k \mod N) \; , \tag{4.29}$$

für die ebenfalls

$$r_{xx}(k) = x(k) \star x^*(-k)$$

gilt. Im Spektralbereich folgt unter Verwendung der Spektralfolge der Kreuzkorrelations-folge mit $Y(\ell) = X(\ell)$ leicht die rein reelle Spektralfolge der Autokorrelationsfolge.

$$r_{xx}(k) = \sum_{\kappa=0}^{N-1} x(\kappa) \cdot x^*(\kappa - k) \quad \circ\!\!-\!\!\bullet \quad R_{xx}(\ell) = X(\ell) \cdot X^*(\ell) = |X(\ell)|^2 \tag{4.30}$$

In Abb. 4.23 sind die Autokorrelationsfolge $\{r_{xx}(k)\}_{0 \le k \le N-1}$ mit $r_{xx}(k) = x(k) \star x^*(-k)$ und die zugehörige Spektralfolge $\{R_{xx}(\ell)\}_{0 \le \ell \le N-1}$ mit $R_{xx}(\ell) = |X(\ell)|^2$ für die in Abb. 4.1 auf S. 48 gezeigten Signalfolge und Spektralfolge dargestellt.[2]
Für den Index $k = 0$ folgt aus der Autokorrelationsfolge mit

$$r_{xx}(0) = \sum_{\kappa=0}^{N-1} x(\kappa) \cdot x^*(\kappa) = \sum_{\kappa=0}^{N-1} |x(\kappa)|^2$$

die Energie einer finiten Signalfolge der Länge N, der wir uns im folgenden Abschnitt 4.11 zuwenden wollen.

---

[2] In der digitalen Signalverarbeitung wird die so genannte *spektrale Energiedichte* oder das *Energie-dichtespektrum* üblicherweise mit $S_{xx}(\ell)$ anstelle von $R_{xx}(\ell)$ bezeichnet.

Abb. 4.23 Periodische Autokorrelationsfolge $\{r_{xx}(k)\}_{0 \le k \le N-1}$
mit $r_{xx}(k) = x(k) * x^*(-k)$ und
Spektralfolge $\{R_{xx}(\ell)\}_{0 \le \ell \le N-1}$ mit
$R_{xx}(\ell) = |X(\ell)|^2$

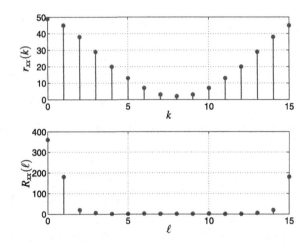

4.11 Energie

Eine wichtige signaltheoretische Größe für die finite Signalfolge $\{x(k)\}_{0 \le k \le N-1}$ stellt die *Energie E* dar [19, 23]. Diese wird in der Signaltheorie definiert durch

$$E = \sum_{k=0}^{N-1} |x(k)|^2 \ . \tag{4.31}$$

Sie entspricht dem Wert der Autokorrelationsfolge an der Stelle $k = 0$, das heißt es gilt $r_{xx}(0) = E$. Unter Verwendung der Rücktransformationsformel der inversen diskreten FOURIER-Transformation für die Autokorrelationsfolge

$$r_{xx}(k) = \text{IDFT}\{R_{xx}(\ell)\} = \frac{1}{N} \sum_{\ell=0}^{N-1} R_{xx}(\ell) \cdot e^{j2\pi k\ell/N}$$

ergibt sich mit der Spektralfolge $R_{xx}(\ell) = |X(\ell)|^2$ die Energie für die Autokorrelationsfolge für den Index $k = 0$ gemäß

$$E = r_{xx}(0) = \frac{1}{N} \sum_{\ell=0}^{N-1} R_{xx}(\ell) \cdot e^{j2\pi \cdot 0 \cdot \ell/N} = \frac{1}{N} \sum_{\ell=0}^{N-1} R_{xx}(\ell) = \frac{1}{N} \sum_{\ell=0}^{N-1} |X(\ell)|^2 \ .$$

Insgesamt folgt für die Energie der finiten Signalfolge $\{x(k)\}_{0 \le k \le N-1}$ mit der finiten Spektralfolge $\{X(\ell)\}_{0 \le \ell \le N-1}$ im Originalbereich und im Spektralbereich die Beziehung

$$E = \sum_{k=0}^{N-1} |x(k)|^2 = \frac{1}{N} \sum_{\ell=0}^{N-1} |X(\ell)|^2 \ . \tag{4.32}$$

Die Energie E einer Signalfolge kann sowohl im Originalbereich als auch im Spektralbereich auf ähnliche Weise ermittelt werden. Wegen $R_{xx}(\ell) = |X(\ell)|^2$ und damit

$$E = \frac{1}{N} \sum_{\ell=0}^{N-1} |X(\ell)|^2 = \frac{1}{N} \sum_{\ell=0}^{N-1} R_{xx}(\ell)$$

beschreibt die Spektralfolge $\{R_{xx}(\ell)\}_{0 \le \ell \le N-1}$ die spektrale Verteilung der Energie der Signalfolge im Spektralbereich. Daher wird $R_{xx}(\ell) = |X(\ell)|^2$ auch die *spektrale Energiedichte* oder *Energiedichtespektrum* genannt.

Alternativ kann die Energie E als Quadrat des Vektorbetrags des N-dimensionalen Signalvektors

$$x = \begin{pmatrix} x(0) \\ x(1) \\ \vdots \\ x(N-1) \end{pmatrix}$$

geschrieben werden gemäß

$$E = \sum_{k=0}^{N-1} |x(k)|^2 = \|x\|^2 \ .$$

In Analogie zur Vektorrechnung wird mit Hilfe der Energie E die „Größe" eines Signals gemessen. Entsprechend folgt im Spektralbereich mit dem Spektralvektor

$$X = \begin{pmatrix} X(0) \\ X(1) \\ \vdots \\ X(N-1) \end{pmatrix}$$

für die Energie im Spektralbereich

$$E = \frac{1}{N} \sum_{\ell=0}^{N-1} |X(\ell)|^2 = \frac{1}{N} \cdot \|X\|^2 \ ,$$

so dass wir insgesamt erhalten

$$E = \|x\|^2 = \frac{1}{N} \cdot \|X\|^2 \ . \tag{4.33}$$

Beispiel 4.3

Für die in Beispiel 3.1 auf der S. 33 betrachtete Länge $N = 4$ für die diskrete FOURIER-Transformation mit dem vierdimensionalen Signalvektor

$$x = \begin{pmatrix} x(0) \\ x(1) \\ x(2) \\ x(3) \end{pmatrix} = \begin{pmatrix} 2{,}41 \\ -0{,}52 \\ 1{,}23 \\ 2{,}05 \end{pmatrix}$$

und dem zugehörigen vierdimensionalen Spektralvektor

$$
\boldsymbol{X} = \begin{pmatrix} X(0) \\ X(1) \\ X(2) \\ X(3) \end{pmatrix} = \begin{pmatrix} 5{,}17 \\ 1{,}18 + \mathrm{j}\,2{,}57 \\ 2{,}11 \\ 1{,}18 - \mathrm{j}\,2{,}57 \end{pmatrix}
$$

berechnet sich die Energie im Originalbereich $E = \|\boldsymbol{x}\|^2$ zu

$$
\begin{aligned}
E &= |2{,}41|^2 + |-0{,}52|^2 + |1{,}23|^2 + |2{,}05|^2 \\
&= 11{,}7939 \ .
\end{aligned}
$$

Die im Spektralbereich ermittelte Energie $E = \|\boldsymbol{X}\|^2/4$ entspricht dem identischen Wert

$$
\begin{aligned}
E &= \frac{1}{4} \cdot \left(|5{,}17|^2 + |1{,}18 + \mathrm{j}\,2{,}57|^2 + |2{,}11|^2 + |1{,}18 - \mathrm{j}\,2{,}57|^2 \right) \\
&= 11{,}7939 \ .
\end{aligned}
$$

$\diamond$

4.12 Dezimation

Eine in der digitalen Signalverarbeitung häufig anzutreffende Operation stellt die so genannte *Dezimation* dar [8, 10]. Bei dieser werden aus einer Signalfolge $\{x(k)\}_{0 \leq k \leq N-1}$ in gleichbleibendem Abstand Signalwerte entnommen. Wir betrachten in diesem Abschnitt den in Abb. 4.24 gezeigten einfachsten Fall einer Dezimation um den Faktor 2, bei der mit Hilfe des mit $\downarrow 2$ gekennzeichneten Blocks jeder zweite Signalwert weggelassen wird.

Abbildung 4.25 veranschaulicht die Wirkungsweise dieses *Dezimators* $\downarrow 2$ für die Länge $N = 16$. Wie aus dieser Abbildung ersichtlich ergibt sich die dezimierte Signalfolge der halben Länge $N/2 = 8$.

Die dezimierte Signalfolge $\{y(k)\}_{0 \leq k \leq N/2-1}$ berechnet sich aus der finiten Signalfolge $\{x(k)\}_{0 \leq k \leq N-1}$ mit Hilfe des Dezimators $\downarrow 2$ gemäß der Vorschrift[3]

$$
y(k) = x_{\downarrow}(k) = x(2k) \tag{4.34}
$$

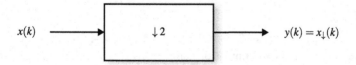

Abb. 4.24 Dezimator $\downarrow 2$ für die Dezimation der Signalfolge $\{x(k)\}_{0 \leq k \leq N-1}$

---

[3] Wir gehen in diesem Abschnitt der Einfachheit halber von einer geraden Anzahl N aus.

Abb. 4.25 Signalfolge $\{x(k)\}_{0 \le k \le N-1}$ und dezimierte Signalfolge $\{y(k)\}_{0 \le k \le N/2-1}$ mit $y(k) = x_\downarrow(k)$

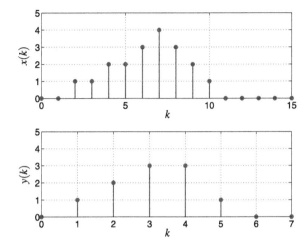

für $0 \le k \le N/2 - 1$. Die zugehörige Spektralfolge $\{Y(\ell)\}_{0 \le \ell \le N/2-1}$ ergibt sich aus der diskreten FOURIER-Transformation für Signalfolgen der Länge $N/2$ gemäß

$$Y(\ell) = \sum_{k=0}^{N/2-1} y(k) \cdot e^{-j2\pi k\ell/(N/2)} = \sum_{k=0}^{N/2-1} x(2k) \cdot e^{-j2\pi(2k)\ell/N}$$

mit $0 \le \ell \le N/2 - 1$. Unter Verwendung der Rücktransformationsformel

$$x(\kappa) = \frac{1}{N} \sum_{\lambda=0}^{N-1} X(\lambda) \cdot e^{j2\pi\kappa\lambda/N}$$

der diskreten FOURIER-Transformation für die Signalfolge der Länge N folgt mit $\kappa = 2k$

$$\begin{aligned}
Y(\ell) &= \sum_{k=0}^{N/2-1} x(2k) \cdot e^{-j2\pi(2k)\ell/N} \\
&= \sum_{k=0}^{N/2-1} \left(\frac{1}{N} \sum_{\lambda=0}^{N-1} X(\lambda) \cdot e^{j2\pi(2k)\lambda/N} \right) \cdot e^{-j2\pi(2k)\ell/N} \\
&= \frac{1}{N} \sum_{k=0}^{N/2-1} \sum_{\lambda=0}^{N-1} X(\lambda) \cdot e^{j2\pi(2k)\lambda/N} \cdot e^{-j2\pi(2k)\ell/N} \\
&= \sum_{\lambda=0}^{N-1} X(\lambda) \cdot \left(\frac{1}{N} \sum_{k=0}^{N/2-1} e^{j2\pi(2k)(\lambda-\ell)/N} \right) \ .
\end{aligned}$$

Für die innere Summe erhalten wir im Fall $\lambda - \ell = n \cdot N/2$

$$\frac{1}{N} \sum_{k=0}^{N/2-1} e^{j2\pi(2k)(\lambda-\ell)/N} = \frac{1}{N} \sum_{k=0}^{N/2-1} e^{j2\pi(2k)n(N/2)/N}$$

$$= \frac{1}{N} \sum_{k=0}^{N/2-1} e^{j2\pi kn}$$

$$= \frac{1}{N} \sum_{k=0}^{N/2-1} 1$$

$$= \frac{1}{N} \cdot \frac{N}{2}$$

$$= \frac{1}{2} \; .$$

Für $\lambda - \ell \neq n \cdot N/2$ und $e^{j2\pi(\lambda-\ell)} = 1$ ergibt sich

$$\frac{1}{N} \sum_{k=0}^{N/2-1} e^{j2\pi(2k)(\lambda-\ell)/N} = \frac{1}{N} \sum_{k=0}^{N/2-1} \left(e^{j2\pi(\lambda-\ell)/(N/2)} \right)^k$$

$$= \frac{1}{N} \cdot \frac{1 - \left(e^{j2\pi(\lambda-\ell)/(N/2)} \right)^{N/2}}{1 - e^{j2\pi(\lambda-\ell)/(N/2)}}$$

$$= \frac{1}{N} \cdot \frac{1 - e^{j2\pi(\lambda-\ell)(N/2)/(N/2)}}{1 - e^{j2\pi(\lambda-\ell)/(N/2)}}$$

$$= \frac{1}{N} \cdot \frac{1 - e^{j2\pi(\lambda-\ell)}}{1 - e^{j2\pi(\lambda-\ell)/(N/2)}}$$

$$= 0$$

unter Verwendung der Formel für die geometrische Reihe $\sum_{k=0}^{N/2-1} q^k = (1 - q^{N/2})/(1 - q)$ mit $q = e^{j2\pi(\lambda-\ell)/(N/2)} \neq 1$. Zusammengefasst folgt daher

$$\frac{1}{N} \sum_{k=0}^{N/2-1} e^{j2\pi(2k)(\lambda-\ell)/N} = \begin{cases} \frac{1}{2}, & \lambda = \ell + n \cdot \frac{N}{2} \\[2mm] 0, & \lambda \neq \ell + n \cdot \frac{N}{2} \end{cases} \; .$$

Wegen $0 \leq \ell \leq N/2 - 1$ und $0 \leq \lambda \leq N - 1$ erhalten wir

$$\frac{1}{N} \sum_{k=0}^{N/2-1} e^{j2\pi(2k)(\lambda-\ell)/N} = \begin{cases} \frac{1}{2}, & \lambda = \ell \text{ oder } \lambda = \ell + \frac{N}{2} \\[2mm] 0, & \text{sonst} \end{cases} \; .$$

Eingesetzt ergibt sich somit für die Spektralfolge der dezimierten Signalfolge

$$Y(\ell) = \frac{1}{2} \cdot X(\ell) + \frac{1}{2} \cdot X\left(\ell + \frac{N}{2} \right) \; .$$

Wie in Abb. 4.26 veranschaulicht entspricht die Spektralfolge $Y(\ell)$ der Länge $N/2$ der Überlagerung der ursprünglichen Spektralfolge $X(\ell)$ mit einer um $N/2$ verschobenen

Abb. 4.26 Signalfolge $\{x(k)\}_{0\le k\le N-1}$ und dezimierte Signalfolge $\{y(k)\}_{0\le k\le N/2-1}$ mit $y(k) = x_\downarrow(k)$ sowie Spektralfolgen $\{X(\ell)\}_{0\le\ell\le N-1}$ und $\{Y(\ell)\}_{0\le\ell\le N/2-1}$

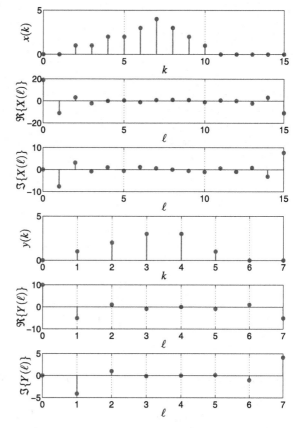

Spektralfolge $X(\ell + N/2)$ für $0 \le \ell \le N/2 - 1$ gemäß der Transformationsvorschrift

$$y(k) = x_\downarrow(k) \quad \circ\!\!-\!\!\bullet \quad Y(\ell) = \frac{1}{2} \cdot X(\ell) + \frac{1}{2} \cdot X\left(\ell + \frac{N}{2}\right) \qquad (4.35)$$

für die dezimierte Signalfolge mit $y(k) = x_\downarrow(k)$.

4.13 Interpolation

Eine weitere in der digitalen Signalverarbeitung verwendete Operation stellt die so genannte *Interpolation* dar [8, 10]. Bei dieser Operation wird zwischen aufeinander folgende Signalwerte einer Signalfolge $\{x(k)\}_{0\le k\le N-1}$ eine geeignete Anzahl von Nullen eingefügt mit einer eventuell anschließenden Begrenzung der Spektralfolge im Sinne einer Filterung. Wir betrachten in diesem Abschnitt den in Abb. 4.27 gezeigten einfachsten Fall einer Interpolation um den Faktor 2, bei der mit Hilfe des mit $\uparrow 2$ gekennzeichneten *Interpolators* zwischen zwei aufeinander folgende Signalwerte eine Null eingefügt wird. Abbildung 4.28 veranschaulicht die Wirkungsweise des Interpolators $\uparrow 2$ für eine finite Signalfolge der

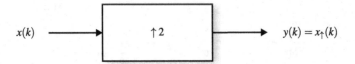

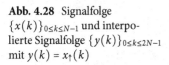

$x(k)$ ⟶ ↑ 2 ⟶ $y(k) = x_↑(k)$

Abb. 4.27 Interpolator ↑ 2 für die Interpolation der Signalfolge $\{x(k)\}_{0 \le k \le N-1}$

Abb. 4.28 Signalfolge $\{x(k)\}_{0 \le k \le N-1}$ und interpolierte Signalfolge $\{y(k)\}_{0 \le k \le 2N-1}$ mit $y(k) = x_↑(k)$

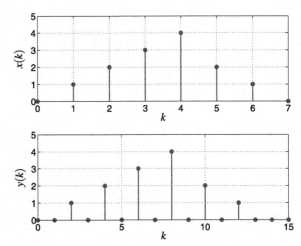

Länge $N = 8$. Wie aus dieser Abbildung ersichtlich ergibt sich die interpolierte Signalfolge der doppelten Länge $2N = 16$.

Die interpolierte Signalfolge $\{y(k)\}_{0 \le k \le 2N-1}$ erhalten wir aus der finiten Signalfolge $\{x(k)\}_{0 \le k \le N-1}$ bei der Interpolation mit Hilfe des Interpolators ↑ 2 gemäß der Vorschrift

$$y(k) = x_↑(k) = \begin{cases} x(n), & k = 2n \text{ gerade} \\ 0, & k = 2n + 1 \text{ ungerade} \end{cases} \qquad (4.36)$$

für $0 \le k \le 2N - 1$. Die zugehörige Spektralfolge $\{Y(\ell)\}_{0 \le \ell \le 2N-1}$ ergibt sich aus der diskreten FOURIER-Transformation für Signalfolgen der Länge $2N$ gemäß

$$\begin{aligned} Y(\ell) &= \sum_{k=0}^{2N-1} y(k) \cdot e^{-j2\pi k\ell/(2N)} \\ &= \sum_{n=0}^{N-1} y(2n) \cdot e^{-j2\pi 2n\ell/(2N)} + \sum_{n=0}^{N-1} y(2n+1) \cdot e^{-j2\pi(2n+1)\ell/(2N)} \\ &= \sum_{n=0}^{N-1} x(n) \cdot e^{-j2\pi 2n\ell/(2N)} \\ &= \sum_{n=0}^{N-1} x(n) \cdot e^{-j2\pi n\ell/N} \\ &= X(\ell) \end{aligned}$$

Abb. 4.29 Signalfolge $\{x(k)\}_{0\le k\le N-1}$ und interpolierte Signalfolge $\{y(k)\}_{0\le k\le 2N-1}$ mit $y(k) = x_\uparrow(k)$ sowie Spektralfolgen $\{X(\ell)\}_{0\le\ell\le N-1}$ und $\{Y(\ell)\}_{0\le\ell\le 2N-1}$

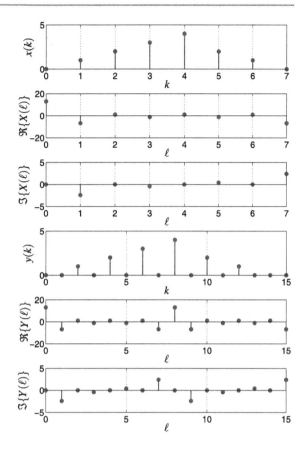

mit der periodisch fortgesetzten Spektralfolge $\{X(\ell)\}_{0\le\ell\le N-1}$ der Länge N. Zusammengefasst folgt für die Spektralfolge der interpolierten Signalfolge

$$y(k) = x_\uparrow(k) \quad \circ\!\!-\!\!\bullet \quad Y(\ell) = X(\ell) \tag{4.37}$$

mit $0 \le \ell \le 2N - 1$ und $X(\ell) = X(\ell \bmod N)$. Die finite Spektralfolge $Y(\ell)$ der Länge $2N$ entspricht zwei Perioden der finiten Spektralfolge $X(\ell)$ der Länge N. Abbildung 4.29 veranschaulicht die Signalfolge $x(k)$ und die interpolierte Signalfolge mit $y(k) = x_\uparrow(k)$ sowie die zugehörigen finiten Spektralfolgen.

Um höhere Spektralanteile in der interpolierten Signalfolge $x_\uparrow(k)$ zu unterdrücken, wird eine *Filterung* nach dem Interpolator $\uparrow 2$ entsprechend Abb. 4.30 durchgeführt. Zu diesem Zweck wird die Signalfolge $\{y(k)\}_{0\le k\le 2N-1}$ aus der interpolierten Signalfolge $\{x_\uparrow(k)\}_{0\le k\le 2N-1}$ durch eine Filterung im Spektralbereich unter Beachtung der N-Periodizität der Spektralfolge $X(\ell + N) = X(\ell)$ beziehungsweise der *modulo*-Rechnung

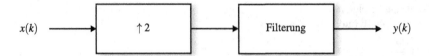

Abb. 4.30 Interpolator ↑2 mit Filterung im Spektralbereich

Abb. 4.31 Spektralfolge $\{X(\ell)\}_{0\leq\ell\leq N-1}$ und interpolierte Spektralfolge $\{Y(\ell)\}_{0\leq\ell\leq 2N-1}$ mit Filterung

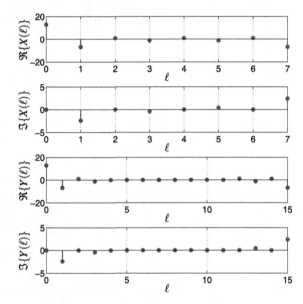

$X(\ell) = X(\ell \bmod N)$ gemäß der folgenden Vorschrift für $0 \leq \ell \leq 2N-1$ berechnet.

$$Y(\ell) = \begin{cases} X(\ell), & 0 \leq \ell \leq \frac{N}{2}-1 \\ 0 & , \quad \frac{N}{2} \leq \ell \leq \frac{3N}{2}-1 \\ X(\ell), & \frac{3N}{2} \leq \ell \leq 2N-1 \end{cases} \tag{4.38}$$

Abbildung 4.31 stellt die Spektralfolge $\{X(\ell)\}_{0\leq\ell\leq N-1}$ sowie die interpolierte Spektralfolge $\{Y(\ell)\}_{0\leq\ell\leq 2N-1}$ mit Filterung dar.

Für die interpolierte Signalfolge $\{y(k)\}_{0\leq k\leq 2N-1}$ gilt unter Verwendung der Rücktransformation $y(k) = \mathrm{IDFT}\{Y(\ell)\}$ der diskreten FOURIER-Transformation

$$y(k) = \frac{1}{2N} \sum_{\ell=0}^{2N-1} Y(\ell) \cdot e^{j2\pi k\ell/(2N)}$$

$$= \frac{1}{2N} \sum_{\ell=0}^{N/2-1} X(\ell) \cdot e^{j2\pi k\ell/(2N)} + \frac{1}{2N} \sum_{\ell=3N/2}^{2N-1} X(\ell) \cdot e^{j2\pi k\ell/(2N)}$$

$$= \frac{1}{2N} \sum_{\ell=0}^{N/2-1} X(\ell) \cdot e^{j2\pi k\ell/(2N)} + \frac{1}{2N} \sum_{\ell=N/2}^{N-1} X(\ell+N) \cdot e^{j2\pi k(\ell+N)/(2N)}$$

$$= \frac{1}{2N} \sum_{\ell=0}^{N/2-1} X(\ell) \cdot e^{j2\pi k\ell/(2N)} + \frac{1}{2N} \sum_{\ell=N/2}^{N-1} X(\ell) \cdot e^{j2\pi k(\ell+N)/(2N)}$$

$$= \frac{1}{2N} \sum_{\ell=0}^{N/2-1} X(\ell) \cdot e^{j2\pi k\ell/(2N)} + e^{j2\pi kN/(2N)} \cdot \frac{1}{2N} \sum_{\ell=N/2}^{N-1} X(\ell) \cdot e^{j2\pi k\ell/(2N)}$$

$$= \frac{1}{2N} \sum_{\ell=0}^{N/2-1} X(\ell) \cdot e^{j2\pi k\ell/(2N)} + e^{j\pi k} \cdot \frac{1}{2N} \sum_{\ell=N/2}^{N-1} X(\ell) \cdot e^{j2\pi k\ell/(2N)} \ .$$

Mit $e^{j\pi k} = (-1)^k$ folgt

$$y(k) = \frac{1}{2N} \sum_{\ell=0}^{N/2-1} X(\ell) \cdot e^{j2\pi k\ell/(2N)} + (-1)^k \cdot \frac{1}{2N} \sum_{\ell=N/2}^{N-1} X(\ell) \cdot e^{j2\pi k\ell/(2N)} \ .$$

Für gerade Indizes $2k$ folgt

$$y(2k) = \frac{1}{2N} \sum_{\ell=0}^{N/2-1} X(\ell) \cdot e^{j2\pi(2k)\ell/(2N)} + (-1)^{2k} \cdot \frac{1}{2N} \sum_{\ell=N/2}^{N-1} X(\ell) \cdot e^{j2\pi(2k)\ell/(2N)}$$

$$= \frac{1}{2N} \sum_{\ell=0}^{N/2-1} X(\ell) \cdot e^{j2\pi k\ell/N} + \frac{1}{2N} \sum_{\ell=N/2}^{N-1} X(\ell) \cdot e^{j2\pi k\ell/N}$$

$$= \frac{1}{2} \cdot \frac{1}{N} \sum_{\ell=0}^{N-1} X(\ell) \cdot e^{j2\pi k\ell/N}$$

$$= \frac{1}{2} \cdot x(k)$$

beziehungsweise zusammengefasst

$$y(2k) = \frac{1}{2} \cdot x(k) \ . \tag{4.39}$$

Für ungerade Indizes $2k + 1$ ergibt sich

$$y(2k+1)$$

$$= \frac{1}{2N} \sum_{\ell=0}^{N/2-1} X(\ell) \cdot e^{j2\pi(2k+1)\ell/(2N)} + (-1)^{2k+1} \cdot \frac{1}{2N} \sum_{\ell=N/2}^{N-1} X(\ell) \cdot e^{j2\pi(2k+1)\ell/(2N)}$$

$$= \frac{1}{2N} \sum_{\ell=0}^{N/2-1} X(\ell) \cdot e^{j2\pi k\ell/N} \cdot e^{j2\pi\ell/(2N)} - \frac{1}{2N} \sum_{\ell=N/2}^{N-1} X(\ell) \cdot e^{j2\pi k\ell/N} \cdot e^{j2\pi\ell/(2N)}$$

$$= \frac{1}{2N} \sum_{\ell=0}^{N/2-1} X(\ell) \cdot e^{j2\pi k\ell/N} \cdot e^{j\pi\ell/N} - \frac{1}{2N} \sum_{\ell=N/2}^{N-1} X(\ell) \cdot e^{j2\pi k\ell/N} \cdot e^{j\pi\ell/N}$$

$$= \frac{1}{2N} \sum_{\ell=0}^{N/2-1} \left(e^{j\pi\ell/N} \right) \cdot X(\ell) \cdot e^{j2\pi k\ell/N} + \frac{1}{2N} \sum_{\ell=N/2}^{N-1} \left(-e^{j\pi\ell/N} \right) \cdot X(\ell) \cdot e^{j2\pi k\ell/N} \ .$$

Mit der Spektralfolge

$$W(\ell) = \begin{cases} e^{j\pi\ell/N}, & 0 \le \ell \le \frac{N}{2} - 1 \\ -e^{j\pi\ell/N}, & \frac{N}{2} \le \ell \le N - 1 \end{cases} \tag{4.40}$$

für $0 \le \ell \le N - 1$ folgt

$$y(2k+1) = \frac{1}{2} \cdot \frac{1}{N} \sum_{\ell=0}^{N-1} W(\ell) \cdot X(\ell) \cdot e^{j2\pi k\ell/N} = \frac{1}{2} \cdot \text{IDFT}\{W(\ell) \cdot X(\ell)\} \quad.$$

Die Multiplikation der beiden Spektralfolgen $\{W(\ell)\}_{0 \le \ell \le N-1}$ und $\{X(\ell)\}_{0 \le \ell \le N-1}$ im Spektralbereich $W(\ell) \cdot X(\ell)$ entspricht im Originalbereich der periodischen Faltung der Signalfolgen $\{w(k)\}_{0 \le k \le N-1}$ und $\{x(k)\}_{0 \le k \le N-1}$ gemäß

$$w(k) \star x(k) = \sum_{\kappa=0}^{N-1} w(\kappa) \cdot x(k-\kappa) = \sum_{\kappa=0}^{N-1} w(\kappa) \cdot x(k - \kappa \bmod N) \quad.$$

Daraus folgt für ungerade Indizes $2k + 1$

$$y(2k+1) = \frac{1}{2} \cdot w(k) \star x(k) = \frac{1}{2} \sum_{\kappa=0}^{N-1} w(\kappa) \cdot x(k-\kappa) \quad. \tag{4.41}$$

Abbildung 4.32 veranschaulicht die Signalfolge $\{x(k)\}_{0 \le k \le N-1}$ und die durch Interpolation mit Filterung berechnete Signalfolge $\{y(k)\}_{0 \le k \le 2N-1}$ sowie die zugehörigen Spektralfolgen.

Die finite Gewichtsfolge $\{w(k)\}_{0 \le k \le N-1}$ ergibt sich aus der Rücktransformationsformel der inversen diskreten FOURIER-Transformation $w(k) = \text{IDFT}\{W(\ell)\}$ gemäß der folgenden Rechnung.

$$w(k) = \frac{1}{N} \sum_{\ell=0}^{N-1} W(\ell) \cdot e^{j2\pi k\ell/N}$$

$$= \frac{1}{N} \sum_{\ell=0}^{N/2-1} e^{j\pi\ell/N} \cdot e^{j2\pi k\ell/N} - \frac{1}{N} \sum_{\ell=N/2}^{N-1} e^{j\pi\ell/N} \cdot e^{j2\pi k\ell/N}$$

$$= \frac{1}{N} \sum_{\ell=0}^{N/2-1} e^{j\pi(2k+1)\ell/N} - \frac{1}{N} \sum_{\ell=N/2}^{N-1} e^{j\pi(2k+1)\ell/N}$$

$$= \frac{1}{N} \sum_{\ell=0}^{N/2-1} e^{j\pi(2k+1)\ell/N} - \frac{1}{N} \sum_{\ell=0}^{N/2-1} e^{j\pi(2k+1)(\ell+N/2)/N}$$

$$= \frac{1}{N} \sum_{\ell=0}^{N/2-1} e^{j\pi(2k+1)\ell/N} - e^{j\pi(2k+1)(N/2)/N} \cdot \frac{1}{N} \sum_{\ell=0}^{N/2-1} e^{j\pi(2k+1)\ell/N}$$

$$= \frac{1 - e^{j\frac{\pi}{2}(2k+1)}}{N} \cdot \sum_{\ell=0}^{N/2-1} e^{j\pi(2k+1)\ell/N}$$

Abb. 4.32 Signalfolge $\{x(k)\}_{0\le k\le N-1}$ und interpolierte Signalfolge $\{y(k)\}_{0\le k\le 2N-1}$ mit Filterung sowie Spektralfolgen $\{X(\ell)\}_{0\le\ell\le N-1}$ und $\{Y(\ell)\}_{0\le\ell\le 2N-1}$

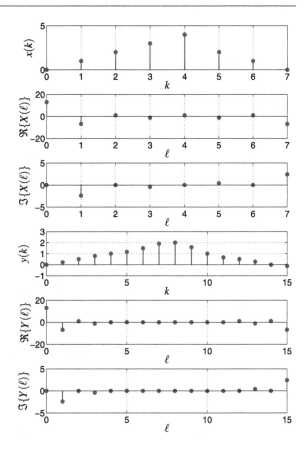

Mit $e^{j\frac{\pi}{2}(2k+1)} = e^{j\pi k} \cdot e^{j\frac{\pi}{2}} = j \cdot (-1)^k$ und der geometrischen Reihe

$$\sum_{\ell=0}^{N/2-1} e^{j\pi(2k+1)\ell/N} = \sum_{\ell=0}^{N/2-1} \left(e^{j\pi(2k+1)/N}\right)^{\ell}$$

$$= \frac{1 - \left(e^{j\pi(2k+1)/N}\right)^{N/2}}{1 - e^{j\pi(2k+1)/N}}$$

$$= \frac{1 - e^{j\pi(2k+1)(N/2)/N}}{1 - e^{j\pi(2k+1)/N}}$$

$$= \frac{1 - e^{j\frac{\pi}{2}(2k+1)}}{1 - e^{j\pi(2k+1)/N}}$$

$$= \frac{1 - j \cdot (-1)^k}{1 - e^{j\pi(2k+1)/N}}$$

folgt die Gewichtsfolge

$$w(k) = \frac{1 - j \cdot (-1)^k}{N} \cdot \frac{1 - j \cdot (-1)^k}{1 - e^{j\pi(2k+1)/N}}$$

$$= \frac{\left(1 - j \cdot (-1)^k\right)^2}{N} \cdot \frac{1}{1 - e^{j\pi(2k+1)/N}}$$

$$= \frac{-2j \cdot (-1)^k}{N} \cdot \frac{1}{1 - e^{j\pi(2k+1)/N}}$$

$$= \frac{(-1)^k}{N} \cdot \frac{-2j}{1 - e^{j\pi(2k+1)/N}}$$

$$= \frac{(-1)^k}{N} \cdot \frac{1}{e^{j\frac{\pi}{2}(2k+1)/N}} \cdot \frac{2j}{e^{j\frac{\pi}{2}(2k+1)/N} - e^{-j\frac{\pi}{2}(2k+1)/N}}$$

$$= \frac{(-1)^k}{N} \cdot \frac{1}{e^{j\frac{\pi}{2}(2k+1)/N}} \cdot \frac{1}{\sin\left(\frac{\pi}{2}(2k+1)/N\right)}$$

$$= \frac{(-1)^k}{N} \cdot \frac{e^{-j\frac{\pi}{2}(2k+1)/N}}{\sin\left(\frac{\pi}{2}(2k+1)/N\right)} \ .$$

Die finite Gewichtsfolge ist somit definiert durch

$$w(k) = \frac{(-1)^k}{N} \cdot \frac{e^{-j\frac{\pi}{2}(2k+1)/N}}{\sin\left(\frac{\pi}{2}(2k+1)/N\right)} \tag{4.42}$$

für $0 \le k \le N - 1$. In kartesischen Koordinaten ergibt sich

$$w(k) = \frac{(-1)^k}{N} \cdot \frac{e^{-j\frac{\pi}{2}(2k+1)/N}}{\sin\left(\frac{\pi}{2}(2k+1)/N\right)}$$

$$= \frac{(-1)^k}{N} \cdot \frac{\cos\left(\frac{\pi}{2}(2k+1)/N\right) - j\sin\left(\frac{\pi}{2}(2k+1)/N\right)}{\sin\left(\frac{\pi}{2}(2k+1)/N\right)}$$

$$= \frac{(-1)^k}{N} \cdot \left(\frac{1}{\tan\left(\frac{\pi}{2}(2k+1)/N\right)} - j\right) \ .$$

Abbildung 4.33 stellt die finite Gewichtsfolge $\{w(k)\}_{0 \le k \le N-1}$ und die zugehörige finite Spektralfolge $\{W(\ell)\}_{0 \le \ell \le N-1}$ in kartesischen Koordinaten und Polarkoordinaten dar.

Abb. 4.33 Gewichtsfolge $\{w(k)\}_{0\le k\le N-1}$ und Spektralfolge $\{W(\ell)\}_{0\le \ell\le N-1}$

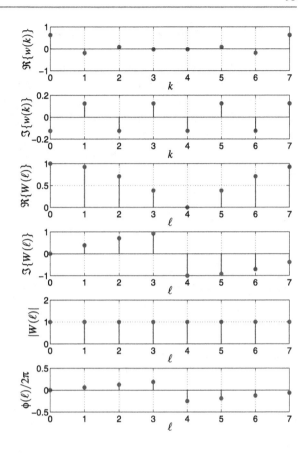

4.14   Tabellarische Zusammenfassung

Die in diesem Kapitel hergeleiteten und veranschaulichten Eigenschaften der diskreten FOURIER-Transformation sind in Tab. 4.1 zusammengefasst mit der finiten Spektralfolge $X(\ell) = \text{DFT}\{x(k)\}$ mit den in der Regel komplexen Spektralwerten $X(\ell) = \Re\{X(\ell)\} + j\Im\{X(\ell)\}$ und der finiten Signalfolge $x(k) = \text{IDFT}\{X(\ell)\}$ mit den im Allgemeinen komplexen Signalwerten $x(k) = \Re\{x(k)\} + j\Im\{x(k)\}$. Die N-Periodizität der Signalfolge $x(k) = x(k+N)$ und der Spektralfolge $X(\ell) = X(\ell+N)$ wird durch die *modulo*-Rechnung hinsichtlich der Indizes k und ℓ gemäß $x(k) = x(k \bmod N)$ und $X(\ell) = X(\ell \bmod N)$ berücksichtigt.

Tab. 4.1   Eigenschaften der diskreten FOURIER-Transformation DFT

	Signalfolge	Spektralfolge
Linearität	$a \cdot x(k) + b \cdot y(k)$	$a \cdot X(\ell) + b \cdot Y(\ell)$
Spiegelung	$x(-k)$	$X(-\ell)$
Gerade Folge	$x'(k) = \frac{x(k)+x(-k)}{2}$	$X'(\ell) = \frac{X(\ell)+X(-\ell)}{2}$
Ungerade Folge	$x''(k) = \frac{x(k)-x(-k)}{2}$	$X''(\ell) = \frac{X(\ell)-X(-\ell)}{2}$
Komplexe Konjugation	$x^*(k)$	$X^*(-\ell)$
	$x^*(-k)$	$X^*(\ell)$
Reelle Signalfolge	$x(k) = x^*(k)$	$\Re\{X(-\ell)\} = \Re\{X(\ell)\}$
		$\Im\{X(-\ell)\} = -\Im\{X(\ell)\}$
Realteil	$\Re\{x(k)\}$	$\frac{X(\ell)+X^*(-\ell)}{2}$
	$\frac{x(k)+x^*(-k)}{2}$	$\Re\{X(\ell)\}$
Imaginärteil	$\Im\{x(k)\}$	$\frac{X(\ell)-X^*(-\ell)}{2j}$
	$\frac{x(k)-x^*(-k)}{2j}$	$\Im\{X(\ell)\}$
Verschiebung	$x(k-k_0)$	$e^{-j2\pi k_0 \ell/N} \cdot X(\ell)$
Modulation	$e^{j2\pi k \ell_0/N} \cdot x(k)$	$X(\ell-\ell_0)$
Multiplikation	$x(k) \cdot y(k)$	$\frac{1}{N} \cdot X(\ell) \star Y(\ell)$
Faltung	$x(k) \star y(k)$	$X(\ell) \cdot Y(\ell)$
Symmetrie	$X(k)$	$N \cdot x(-\ell)$
Kreuzkorrelation	$r_{xy}(k) = x(k) \star y^*(-k)$	$R_{xy}(\ell) = X(\ell) \cdot Y^*(\ell)$
Autokorrelation	$r_{xx}(k) = x(k) \star x^*(-k)$	$R_{xx}(\ell) = |X(\ell)|^2$
Dezimation	$x_\downarrow(k)$	$\frac{1}{2} \cdot X(\ell) + \frac{1}{2} \cdot X(\ell + \frac{N}{2})$
Interpolation	$x_\uparrow(k)$	$X(\ell)$

Korrespondenzen der DFT

5

In diesem Kapitel leiten wir einige wichtige Transformationspaare $x(k) \circ\!\!-\!\!\bullet X(\ell)$, so genannte *Korrespondenzen* der diskreten FOURIER-Transformation mit der Spektralfolge $X(\ell) = \mathrm{DFT}\{x(k)\}$ und der Signalfolge $x(k) = \mathrm{IDFT}\{X(\ell)\}$ her [3, 14, 25]. Die finite Signalfolge $\{x(k)\}_{0 \le k \le N-1}$ ist im Allgemeinen komplex $x(k) \in \mathbb{C}$. Entsprechend ist die finite Spektralfolge $\{X(\ell)\}_{0 \le \ell \le N-1}$ ebenfalls in der Regel komplex $X(\ell) \in \mathbb{C}$. Für rein reelle Signalfolgen $x(k) \in \mathbb{R}$ oder rein reelle Spektralfolgen $X(\ell) \in \mathbb{R}$ stellen wir erneut ausschließlich $x(k)$ oder $X(\ell)$ dar.

5.1 Impulsfolge

Die in Abb. 5.1 für $N = 16$ veranschaulichte *Impulsfolge* entspricht einem impulsförmigen diskreten Signal an der Stelle $k = 0$. Sie ist definiert gemäß

$$x(k) = \begin{cases} 1, & k = 0 \\ 0, & k \ne 0 \end{cases} \tag{5.1}$$

für $0 \le k \le N - 1$. Die zugehörige Spektralfolge in Abb. 5.2 ergibt sich aus

$$X(\ell) = \sum_{k=0}^{N-1} x(k) \cdot e^{-j2\pi k\ell/N} = 1 \cdot e^{-j2\pi \cdot 0 \cdot \ell/N} = 1$$

für $0 \le \ell \le N - 1$. Damit folgt die Korrespondenz

$$x(k) = \begin{cases} 1, & k = 0 \\ 0, & k \ne 0 \end{cases} \quad \circ\!\!-\!\!\bullet \quad X(\ell) = 1 \tag{5.2}$$

für $0 \le k, \ell \le N - 1$.

A. Neubauer, *DFT – Diskrete Fourier-Transformation*, DOI 10.1007/978-3-8348-1997-0_5,
© Vieweg+Teubner Verlag | Springer Fachmedien Wiesbaden 2012

Abb. 5.1 Impulsfolge
$\{x(k)\}_{0\leq k\leq N-1}$

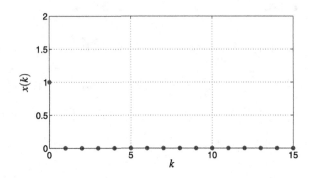

Abb. 5.2 Spektralfolge
$\{X(\ell)\}_{0\leq\ell\leq N-1}$ der Impulsfolge $\{x(k)\}_{0\leq k\leq N-1}$

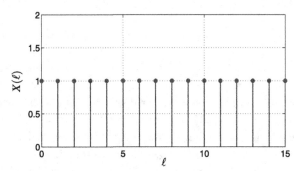

5.2   Verschobene Impulsfolge

Die *verschobene Impulsfolge* geht aus der Impulsfolge durch periodische Verschiebung um
den Versatz k_0 mit $0 \leq k_0 \leq N-1$ im Originalbereich hervor. Sie entspricht somit wie in
Abb. 5.3 für $N = 16$ veranschaulicht einem impulsförmigen diskreten Signal an der Stelle
$k = k_0$ gemäß

$$x(k) = \begin{cases} 1, & k = k_0 \\ 0, & k \neq k_0 \end{cases} \tag{5.3}$$

Abb. 5.3 Verschobene Impuls-
folge $\{x(k)\}_{0\leq k\leq N-1}$ mit $k_0 = 2$

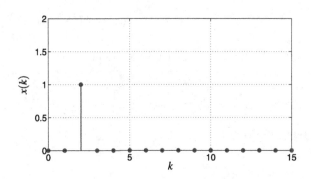

Abb. 5.4 Spektralfolge $\{X(\ell)\}_{0 \le \ell \le N-1}$ der verschobenen Impulsfolge $\{x(k)\}_{0 \le k \le N-1}$ mit $k_0 = 2$ in kartesischen Koordinaten

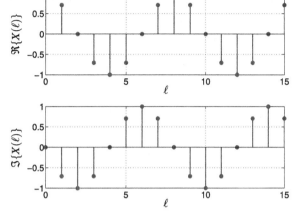

Abb. 5.5 Spektralfolge $\{X(\ell)\}_{0 \le \ell \le N-1}$ der verschobenen Impulsfolge $\{x(k)\}_{0 \le k \le N-1}$ mit $k_0 = 2$ in Polarkoordinaten

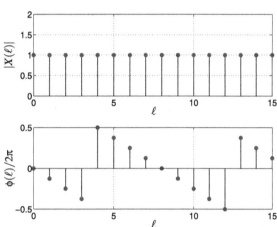

für $0 \le k \le N - 1$. Die zugehörige Spektralfolge folgt mit $0 \le \ell \le N - 1$ aus

$$X(\ell) = \sum_{k=0}^{N-1} x(k) \cdot e^{-j2\pi k\ell/N} = 1 \cdot e^{-j2\pi \cdot k_0 \cdot \ell/N} = e^{-j2\pi k_0 \ell/N} \quad .$$

Somit lautet die Korrespondenz

$$x(k) = \begin{cases} 1, & k = k_0 \\ 0, & k \ne k_0 \end{cases} \quad \circ\!\!-\!\!\bullet \quad X(\ell) = e^{-j2\pi k_0 \ell/N} \tag{5.4}$$

für $0 \le k, \ell \le N - 1$. Dieses Ergebnis für die Spektralfolge in kartesischen Koordinaten wie in Abb. 5.4 und in Polarkoordinaten wie in Abb. 5.5 erhalten wir ebenso durch Anwendung der Verschiebungseigenschaft der diskreten FOURIER-Transformation. Die konstante Spektralfolge der unverschobenen Impulsfolge mit dem konstanten Wert 1 wird hiernach aufgrund der Verschiebung im Originalbereich im Spektralbereich mit dem Drehfaktor

$e^{-j2\pi k_0 \ell/N}$ multipliziert. Dies führt ebenfalls auf die Spektralfolge

$$X(\ell) = 1 \cdot e^{-j2\pi k_0 \ell/N} = e^{-j2\pi k_0 \ell/N} \quad .$$

5.3 Konstante Signalfolge

Die *konstante Signalfolge* wie in Abb. 5.6 für $N = 16$ gezeigt ist definiert durch

$$x(k) = 1 \tag{5.5}$$

für $0 \leq k \leq N - 1$. Die Spektralfolge berechnet sich mit $0 \leq \ell \leq N - 1$ zu

$$X(\ell) = \sum_{k=0}^{N-1} x(k) \cdot e^{-j2\pi k\ell/N} = \sum_{k=0}^{N-1} 1 \cdot e^{-j2\pi k\ell/N} = \sum_{k=0}^{N-1} \left(e^{-j2\pi\ell/N} \right)^k \quad .$$

Mittels der geometrischen Reihe $\sum_{k=0}^{N-1} q^k = (1 - q^N)/(1 - q)$ mit $q = e^{-j2\pi\ell/N} \neq 1$ für $\ell \neq 0$ und $e^{-j2\pi\ell} = 1$ folgt

$$X(\ell) = \sum_{k=0}^{N-1} \left(e^{-j2\pi\ell/N} \right)^k = \frac{1 - \left(e^{-j2\pi\ell/N} \right)^N}{1 - e^{-j2\pi\ell/N}} = \frac{1 - e^{-j2\pi\ell N/N}}{1 - e^{-j2\pi\ell/N}} = \frac{1 - e^{-j2\pi\ell}}{1 - e^{-j2\pi\ell/N}} = 0 \quad .$$

Im Fall $\ell = 0$ und somit $q = 1$ folgt

$$X(0) = \sum_{k=0}^{N-1} 1^k = \sum_{k=0}^{N-1} 1 = N \quad .$$

Abb. 5.6 Konstante Signalfolge $\{x(k)\}_{0 \leq k \leq N-1}$

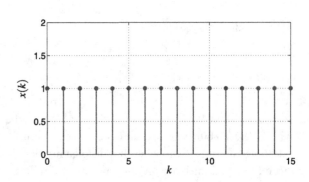

Abb. 5.7 Spektralfolge $\{X(\ell)\}_{0\leq\ell\leq N-1}$ der konstanten Signalfolge $\{x(k)\}_{0\leq k\leq N-1}$

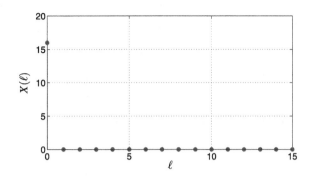

Insgesamt erhalten wir mit der in Abb. 5.7 dargestellten Spektralfolge die Korrespondenz

$$x(k) = 1 \quad \circ\!\!-\!\!\bullet \quad X(\ell) = \begin{cases} N, & \ell = 0 \\ 0, & \ell \neq 0 \end{cases} \tag{5.6}$$

für $0 \leq k, \ell \leq N - 1$.

5.4 Rechteckfolge

Die in Abb. 5.8 für $N = 16$ gezeigte *Rechteckfolge* der Breite L ist definiert durch

$$x(k) = \begin{cases} 1, & 0 \leq k \leq L-1 \\ 0, & L \leq k \leq N-1 \end{cases} \tag{5.7}$$

für $0 \leq k \leq N - 1$.

Die zugehörige Spektralfolge ergibt sich aus

$$X(\ell) = \sum_{k=0}^{N-1} x(k) \cdot e^{-j2\pi k\ell/N} = \sum_{k=0}^{L-1} 1 \cdot e^{-j2\pi k\ell/N} = \sum_{k=0}^{L-1} \left(e^{-j2\pi\ell/N}\right)^k \quad .$$

Abb. 5.8 Rechteckfolge $\{x(k)\}_{0\leq k\leq N-1}$ der Breite $L = 6$

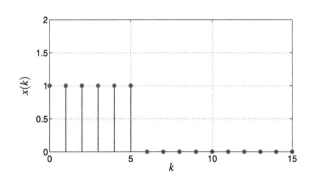

Für $\ell = 0$ gilt

$$X(0) = \sum_{k=0}^{L-1} 1^k = \sum_{k=0}^{L-1} 1 = L \ ,$$

während für den Index $\ell \neq 0$ im Spektralbereich mit der geometrischen Reihe $\sum_{k=0}^{L-1} q^k = (1 - q^L)/(1 - q)$ mit $q = \mathrm{e}^{-\mathrm{j}2\pi\ell/N} \neq 1$ folgt

$$\begin{aligned}
X(\ell) &= \sum_{k=0}^{L-1} \left(\mathrm{e}^{-\mathrm{j}2\pi\ell/N} \right)^k \\
&= \frac{1 - \left(\mathrm{e}^{-\mathrm{j}2\pi\ell/N} \right)^L}{1 - \mathrm{e}^{-\mathrm{j}2\pi\ell/N}} \\
&= \frac{1 - \mathrm{e}^{-\mathrm{j}2\pi\ell L/N}}{1 - \mathrm{e}^{-\mathrm{j}2\pi\ell/N}} \\
&= \frac{\mathrm{e}^{-\mathrm{j}\pi\ell L/N}}{\mathrm{e}^{-\mathrm{j}\pi\ell/N}} \cdot \frac{\mathrm{e}^{\mathrm{j}\pi\ell L/N} - \mathrm{e}^{-\mathrm{j}\pi\ell L/N}}{\mathrm{e}^{\mathrm{j}\pi\ell/N} - \mathrm{e}^{-\mathrm{j}\pi\ell/N}} \\
&= \mathrm{e}^{-\mathrm{j}\pi\ell(L-1)/N} \cdot \frac{\frac{1}{2\mathrm{j}} \cdot \left(\mathrm{e}^{\mathrm{j}\pi\ell L/N} - \mathrm{e}^{-\mathrm{j}\pi\ell L/N} \right)}{\frac{1}{2\mathrm{j}} \cdot \left(\mathrm{e}^{\mathrm{j}\pi\ell/N} - \mathrm{e}^{-\mathrm{j}\pi\ell/N} \right)} \\
&= \mathrm{e}^{-\mathrm{j}\pi\ell(L-1)/N} \cdot \frac{\sin\left(\pi\ell L/N \right)}{\sin\left(\pi\ell/N \right)} \quad .
\end{aligned}$$

Für die Rechteckfolge der Breite L gilt somit mit der in Abb. 5.9 in kartesischen Koordinaten und in Abb. 5.10 in Polarkoordinaten gezeigten Spektralfolge die Korrespondenz der

Abb. 5.9 Spektralfolge $\{X(\ell)\}_{0 \le \ell \le N-1}$ der Rechteckfolge $\{x(k)\}_{0 \le k \le N-1}$ der Breite $L = 6$ in kartesischen Koordinaten

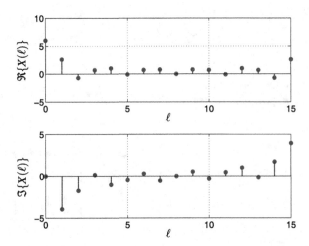

Abb. 5.10 Spektralfolge $\{X(\ell)\}_{0\le\ell\le N-1}$ der Rechteckfolge $\{x(k)\}_{0\le k\le N-1}$ der Breite $L = 6$ in Polarkoordinaten

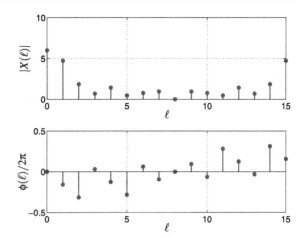

diskreten FOURIER-Transformation

$$x(k) = \begin{cases} 1, & 0 \le k \le L-1 \\ 0, & L \le k \le N-1 \end{cases} \quad\circ\!\!-\!\!\bullet\quad X(\ell) = e^{-j\pi\ell(L-1)/N} \cdot \frac{\sin(\pi\ell L/N)}{\sin(\pi\ell/N)} \tag{5.8}$$

für $0 \le k, \ell \le N - 1$.

5.5 Dreieckfolge

Wir betrachten in diesem Abschnitt die periodische Faltung der Rechteckfolge

$$y(k) = \begin{cases} 1, & 0 \le k \le L-1 \\ 0, & L \le k \le N-1 \end{cases} \tag{5.9}$$

der Breite $L \le N/2$ mit sich selbst. Die resultierende Signalfolge $\{x(k)\}_{0\le k\le N-1}$ ergibt sich aus

$$x(k) = y(k) \star y(k) = \sum_{\kappa=0}^{N-1} y(\kappa) \cdot y(k-\kappa) = \sum_{\kappa=0}^{L-1} 1 \cdot y(k-\kappa) = \sum_{\kappa=0}^{L-1} y(k-\kappa \bmod N)$$

und somit nach Einsetzen von $y(k-\kappa) = y(k-\kappa \bmod N)$ für $0 \le \kappa \le L-1$

$$x(k) = \begin{cases} k+1 & , \quad 0 \le k \le L-1 \\ 2L-k-1, & L \le k \le 2L-2 \\ 0 & , \quad 2L-1 \le k \le N-1 \end{cases} \tag{5.10}$$

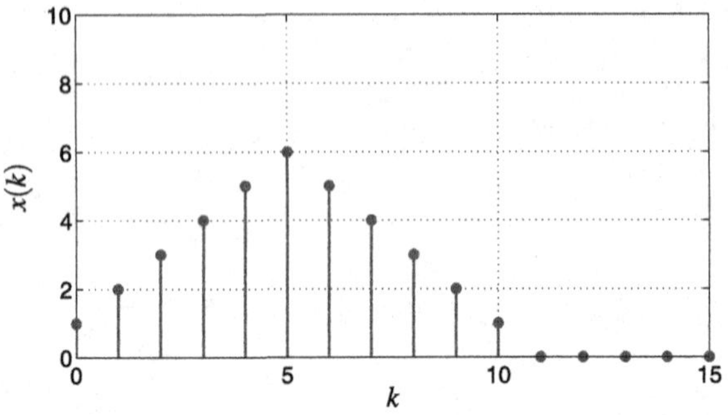

Abb. 5.11 Dreieckfolge $\{x(k)\}_{0 \le k \le N-1}$ der Breite $2L - 1 = 11$

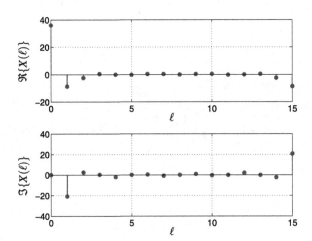

Abb. 5.12 Spektralfolge $\{X(\ell)\}_{0 \le \ell \le N-1}$ der Dreieck-folge $\{x(k)\}_{0 \le k \le N-1}$ der Breite $2L - 1 = 11$ in kartesischen Koordinaten

für $0 \le k \le N - 1$. Die periodische Faltung der Rechteckfolge der Breite L mit sich selbst gemäß $y(k) \star y(k)$ führt somit auf die in Abb. 5.11 für $N = 16$ veranschaulichte *Dreieckfolge* der Breite $2L - 1$.

Unter Verwendung der im Kap. 4 hergeleiteten Faltungseigenschaft der diskreten Fourier-Transformation

$$x(k) = y(k) \star y(k) \quad \circ\!\!-\!\!\bullet \quad X(\ell) = Y(\ell) \cdot Y(\ell) = Y^2(\ell)$$

erhalten wir die in Abb. 5.12 in kartesischen Koordinaten und in Abb. 5.13 in Polarkoordinaten gezeigte Spektralfolge $\{X(\ell)\}_{0 \le \ell \le N-1}$ für die Dreieckfolge mit der Spektralfolge

$$Y(\ell) = e^{-j\pi\ell(L-1)/N} \cdot \frac{\sin(\pi\ell L/N)}{\sin(\pi\ell/N)}$$

Abb. 5.13 Spektralfolge $\{X(\ell)\}_{0\le\ell\le N-1}$ der Dreieck-folge $\{x(k)\}_{0\le k\le N-1}$ der Breite $2L-1=11$ in Polarkoordinaten

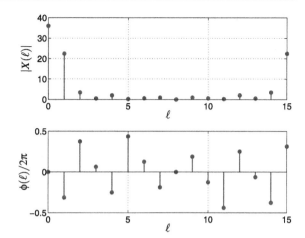

der Rechteckfolge. Die Korrespondenz für die Dreieckfolge lautet für $0 \le k, \ell \le N-1$ somit

$$x(k) = \begin{cases} k+1 & , \quad 0 \le k \le L-1 \\ 2L-k-1, & L \le k \le 2L-2 \\ 0 & , \quad 2L-1 \le k \le N-1 \end{cases}$$

$$X(\ell) = e^{-j2\pi\ell(L-1)/N} \cdot \left(\frac{\sin(\pi\ell L/N)}{\sin(\pi\ell/N)} \right)^2 .$$

(5.11)

5.6   Harmonische Signalfolge

Die *harmonische Signalfolge* wie in Abb. 5.14 für $N=16$ gezeigt leitet sich aus der harmonischen Funktion $e^{j\phi} = \cos(\phi) + j\sin(\phi)$ her unter Verwendung der EULERschen Formel entsprechend

$$x(k) = e^{j2\pi k\ell_0/N} = \cos\left(\frac{2\pi k\ell_0}{N} \right) + j\sin\left(\frac{2\pi k\ell_0}{N} \right)$$

(5.12)

für $0 \le k \le N-1$ mit $\ell_0 \neq 0$. Die (normierte) Frequenz

$$\nu = \frac{\ell_0}{N}$$

der harmonischen Signalfolge entspricht einem ganzzahligen Vielfachen von $1/N$.[1]

---

[1] Für die normierte Abtastperiode 1 im Originalbereich ist die normierte Abtastperiode im Spektralbereich gegeben durch $1/N$.

Abb. 5.14 Harmonische Signal-
folge $\{x(k)\}_{0 \le k \le N-1}$ mit $\ell_0 = 2$

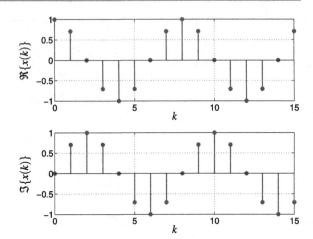

Die zugehörige Spektralfolge mit $0 \le \ell \le N - 1$ ergibt sich aus

$$X(\ell) = \sum_{k=0}^{N-1} x(k) \cdot e^{-j2\pi k\ell/N}$$

$$= \sum_{k=0}^{N-1} e^{j2\pi k\ell_0/N} \cdot e^{-j2\pi k\ell/N}$$

$$= \sum_{k=0}^{N-1} e^{-j2\pi k(\ell-\ell_0)/N}$$

$$= \sum_{k=0}^{N-1} \left(e^{-j2\pi(\ell-\ell_0)/N} \right)^k \quad .$$

Mit der geometrischen Reihe $\sum_{k=0}^{N-1} q^k = (1 - q^N)/(1 - q)$ und $q = e^{-j2\pi(\ell-\ell_0)/N} \ne 1$ für
$\ell \ne \ell_0$ sowie $e^{-j2\pi(\ell-\ell_0)} = 1$ folgt ähnlich wie bei der Berechnung der Spektralfolge für die
konstante Signalfolge

$$X(\ell) = \sum_{k=0}^{N-1} \left(e^{-j2\pi(\ell-\ell_0)/N} \right)^k$$

$$= \frac{1 - \left(e^{-j2\pi(\ell-\ell_0)/N} \right)^N}{1 - e^{-j2\pi(\ell-\ell_0)/N}}$$

$$= \frac{1 - e^{-j2\pi(\ell-\ell_0)N/N}}{1 - e^{-j2\pi(\ell-\ell_0)/N}}$$

$$= \frac{1 - e^{-j2\pi(\ell-\ell_0)}}{1 - e^{-j2\pi(\ell-\ell_0)/N}}$$

$$= 0 \quad .$$

Abb. 5.15 Spektralfolge $\{X(\ell)\}_{0\le\ell\le N-1}$ der harmonischen Signalfolge $\{x(k)\}_{0\le k\le N-1}$ mit $\ell_0 = 2$

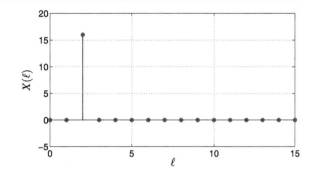

Im Fall $\ell = \ell_0$ und somit $q = e^{-j2\pi(\ell-\ell_0)/N} = e^{-j2\pi\cdot 0/N} = 1$ gilt

$$X(0) = \sum_{k=0}^{N-1} 1^k = \sum_{k=0}^{N-1} 1 = N \ .$$

Insgesamt erhalten wir damit die Korrespondenz für die harmonische Signalfolge

$$x(k) = e^{j2\pi k\ell_0/N} \quad \circ\!\!-\!\!\bullet \quad X(\ell) = \begin{cases} N, & \ell = \ell_0 \\ 0\ , & \ell \neq \ell_0 \end{cases} \tag{5.13}$$

mit $0 \le k, \ell \le N-1$. Im Fall der harmonischen Signalfolge $x(k) = e^{j2\pi k\ell_0/N}$ ergibt sich eine *monofrequente* Spektralfolge $X(\ell)$ mit einem von Null verschiedenen Spektralanteil an der Stelle ℓ_0 beziehungsweise ℓ_0/N, wie in Abb. 5.15 veranschaulicht.

Als Verallgemeinerung betrachten wir nun die harmonische Signalfolge

$$x(k) = e^{j2\pi\nu k} = \cos(2\pi\nu k) + j\sin(2\pi\nu k) \tag{5.14}$$

für $0 \le k \le N-1$, wie in Abb. 5.16 für $N = 16$ veranschaulicht. Bei dieser wird anstelle des Frequenzindex ℓ_0 beziehungsweise ℓ_0/N die Frequenz ν verwendet. In diesem Fall ist die Frequenz ν der harmonischen Signalfolge kein ganzzahliges Vielfaches von $1/N$.

Die Spektralfolge berechnen wir mit $0 \le \ell \le N-1$ folgendermaßen.

$$\begin{aligned} X(\ell) &= \sum_{k=0}^{N-1} x(k) \cdot e^{-j2\pi k\ell/N} \\ &= \sum_{k=0}^{N-1} e^{j2\pi\nu k} \cdot e^{-j2\pi k\ell/N} \\ &= \sum_{k=0}^{N-1} e^{-j2\pi k\left(\frac{\ell}{N}-\nu\right)} \\ &= \sum_{k=0}^{N-1} \left(e^{-j2\pi\left(\frac{\ell}{N}-\nu\right)}\right)^k \end{aligned}$$

Abb. 5.16 Harmonische Signal-
folge $\{x(k)\}_{0\le k\le N-1}$ mit $v = 0{,}18$

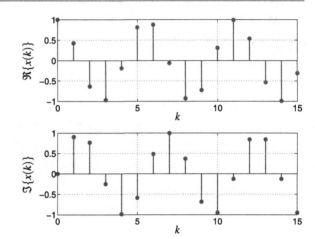

Mit der geometrischen Reihe $\sum_{k=0}^{N-1} q^k = (1-q^N)/(1-q)$ mit $q = e^{-j2\pi\left(\frac{\ell}{N}-v\right)} \ne 1$ folgt daher

$$X(\ell) = \sum_{k=0}^{N-1} \left(e^{-j2\pi\left(\frac{\ell}{N}-v\right)}\right)^k$$

$$= \frac{1-\left(e^{-j2\pi\left(\frac{\ell}{N}-v\right)}\right)^N}{1-e^{-j2\pi\left(\frac{\ell}{N}-v\right)}}$$

$$= \frac{1-e^{-j2\pi\left(\frac{\ell}{N}-v\right)N}}{1-e^{-j2\pi\left(\frac{\ell}{N}-v\right)}}$$

$$= \frac{e^{-j\pi\left(\frac{\ell}{N}-v\right)N}}{e^{-j\pi\left(\frac{\ell}{N}-v\right)}} \cdot \frac{e^{j\pi\left(\frac{\ell}{N}-v\right)N}-e^{-j\pi\left(\frac{\ell}{N}-v\right)N}}{e^{j\pi\left(\frac{\ell}{N}-v\right)}-e^{-j\pi\left(\frac{\ell}{N}-v\right)}}$$

$$= e^{-j\pi\left(\frac{\ell}{N}-v\right)(N-1)} \cdot \frac{\frac{1}{2j}\left(e^{j\pi\left(\frac{\ell}{N}-v\right)N}-e^{-j\pi\left(\frac{\ell}{N}-v\right)N}\right)}{\frac{1}{2j}\left(e^{j\pi\left(\frac{\ell}{N}-v\right)}-e^{-j\pi\left(\frac{\ell}{N}-v\right)}\right)}$$

$$= e^{-j\pi\left(\frac{\ell}{N}-v\right)(N-1)} \cdot \frac{\sin\left(\pi\left(\frac{\ell}{N}-v\right)N\right)}{\sin\left(\pi\left(\frac{\ell}{N}-v\right)\right)} .$$

Entsprechend der in Abb. 5.17 und in Abb. 5.18 in kartesischen Koordinaten und Polarkoordinaten gezeigten Spektralfolge lautet die Korrespondenz für die harmonische Signalfolge
mit $0 \le k, \ell \le N-1$

$$x(k) = e^{j2\pi vk} \quad \circ\!\!-\!\!\bullet \quad X(\ell) = e^{-j\pi\left(\frac{\ell}{N}-v\right)(N-1)} \cdot \frac{\sin\left(\pi\left(\frac{\ell}{N}-v\right)N\right)}{\sin\left(\pi\left(\frac{\ell}{N}-v\right)\right)} . \qquad (5.15)$$

Abb. 5.17 Spektralfolge $\{X(\ell)\}_{0\le\ell\le N-1}$ der harmonischen Signalfolge $\{x(k)\}_{0\le k\le N-1}$ mit $v = 0{,}18$ in kartesischen Koordinaten

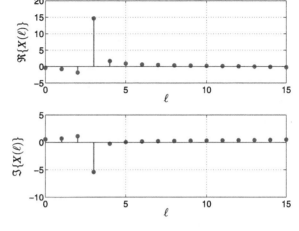

Abb. 5.18 Spektralfolge $\{X(\ell)\}_{0\le\ell\le N-1}$ der harmonischen Signalfolge $\{x(k)\}_{0\le k\le N-1}$ mit $v = 0{,}18$ in Polarkoordinaten

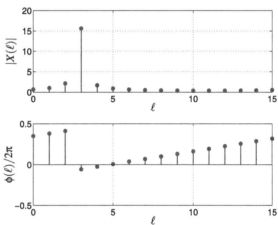

5.7 Cosinusfolge

Die in Abb. 5.19 für die Länge $N = 16$ veranschaulichte reelle *Cosinusfolge*

$$x(k) = \cos\left(\frac{2\pi k\ell_0}{N}\right) \tag{5.16}$$

für $0 \le k \le N - 1$, deren Frequenz

$$v = \frac{\ell_0}{N}$$

einem ganzzahligen Vielfachen von $1/N$ entspricht, kann unter Verwendung der Eulerschen Formel mit Hilfe der harmonischen Signalfolgen $e^{\pm j2\pi k\ell_0/N}$ wie folgt geschrieben

Abb. 5.19 Reelle Cosinusfolge
$\{x(k)\}_{0\leq k\leq N-1}$ mit $\ell_0 = 2$

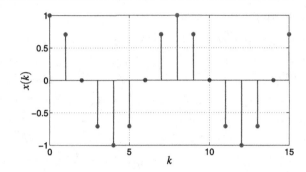

werden.

$$x(k) = \cos\left(\frac{2\pi k\ell_0}{N}\right) = \frac{1}{2}\cdot e^{j2\pi k\ell_0/N} + \frac{1}{2}\cdot e^{-j2\pi k\ell_0/N}$$

Wegen $e^{-j2\pi k\ell_0/N} = e^{j2\pi k(N-\ell_0)/N}$ aufgrund der N-Periodizität der harmonischen Signalfolge ergibt sich

$$x(k) = \frac{1}{2}\cdot e^{j2\pi k\ell_0/N} + \frac{1}{2}\cdot e^{j2\pi k(N-\ell_0)/N} \quad .$$

Unter Verwendung der Korrespondenzen

$$e^{j2\pi k\ell_0/N} \quad \circ\!\!-\!\!\bullet \quad \begin{cases} N, & \ell = \ell_0 \\ 0, & \ell \neq \ell_0 \end{cases}$$

und

$$e^{j2\pi k(N-\ell_0)/N} \quad \circ\!\!-\!\!\bullet \quad \begin{cases} N, & \ell = N - \ell_0 \\ 0, & \ell \neq N - \ell_0 \end{cases}$$

erhalten wir für $\ell_0 \neq N/2$ die in Abb. 5.20 dargestellte reelle Spektralfolge für die Cosinusfolge mit $0 \leq k, \ell \leq N - 1$ entsprechend der Korrespondenz

$$x(k) = \cos\left(\frac{2\pi k\ell_0}{N}\right) \quad \circ\!\!-\!\!\bullet \quad X(\ell) = \begin{cases} \frac{N}{2}, & \ell = \ell_0 \\ \frac{N}{2}, & \ell = N - \ell_0 \\ 0, & \text{sonst} \end{cases} \quad . \qquad (5.17)$$

Für den Fall $\ell_0 = N/2$ folgt wie in Abb. 5.21 veranschaulicht für die spezielle Cosinusfolge

$$x(k) = \cos\left(\frac{2\pi k\ell_0}{N}\right) = \cos(\pi k) = (-1)^k = e^{j\pi k} = e^{j2\pi k(N/2)/N}$$

die Korrespondenz mit $0 \leq k, \ell \leq N - 1$

$$x(k) = (-1)^k \quad \circ\!\!-\!\!\bullet \quad X(\ell) = \begin{cases} N, & \ell = \frac{N}{2} \\ 0, & \ell \neq \frac{N}{2} \end{cases} \quad . \qquad (5.18)$$

Abb. 5.20 Spektralfolge $\{X(\ell)\}_{0\leq\ell\leq N-1}$ der reellen Cosinusfolge $\{x(k)\}_{0\leq k\leq N-1}$ mit $\ell_0 = 2$

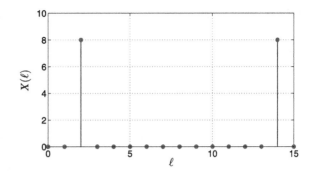

Abb. 5.21 Reelle Cosinusfolge $\{x(k)\}_{0\leq k\leq N-1}$ mit $\ell_0 = N/2 = 8$ und $x(k) = (-1)^k$ sowie Spektralfolge $\{X(\ell)\}_{0\leq\ell\leq N-1}$

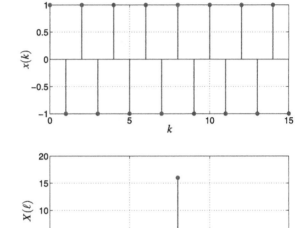

Als Verallgemeinerung betrachten wir wie bei der harmonischen Signalfolge $x(k) = e^{j2\pi vk}$ die in Abb. 5.22 für $N = 16$ dargestellte reelle Cosinusfolge

$$x(k) = \cos(2\pi vk) \tag{5.19}$$

für $0 \leq k \leq N-1$, bei der anstelle des Frequenzindex ℓ_0 beziehungsweise ℓ_0/N die Frequenz v verwendet wird. In diesem Fall beträgt die Frequenz v wiederum kein ganzzahliges Vielfaches von $1/N$.

Die reelle Cosinusfolge

$$x(k) = \Re\left\{e^{j2\pi vk}\right\}$$

kann entsprechend der EULERschen Formel als Realteil der harmonischen Signalfolge

$$y(k) = e^{j2\pi vk} \quad \circ\!\!-\!\!\bullet \quad Y(\ell) = e^{-j\pi\left(\frac{\ell}{N}-v\right)(N-1)} \cdot \frac{\sin\left(\pi\left(\frac{\ell}{N}-v\right)N\right)}{\sin\left(\pi\left(\frac{\ell}{N}-v\right)\right)}$$

Abb. 5.22 Reelle Cosinusfolge
$\{x(k)\}_{0\leq k\leq N-1}$ mit $v = 0{,}18$

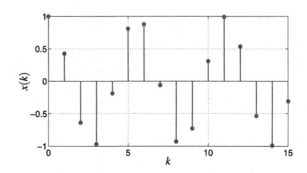

Abb. 5.23 Spektralfolge
$\{X(\ell)\}_{0\leq\ell\leq N-1}$ der reellen Cosinusfolge $\{x(k)\}_{0\leq k\leq N-1}$ mit
$v = 0{,}18$ in kartesischen Koordinaten

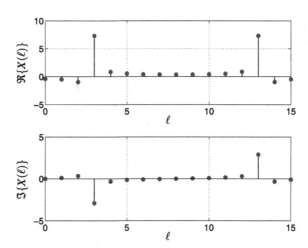

formuliert werden. Mit der Transformationsvorschrift für den Realteil einer Signalfolge

$$x(k) = \Re\{y(k)\} \quad \circ\!\!-\!\!\bullet \quad X(\ell) = \frac{Y(\ell) + Y^*(-\ell)}{2}$$

ergibt sich die Spektralfolge der Cosinusfolge wie in Abb. 5.23 in kartesischen Koordinaten
und in Abb. 5.24 in Polarkoordinaten gezeigt.

Unter Verwendung der konjugiert komplexen und gespiegelten Spektralfolge

$$Y^*(-\ell) = e^{j\pi\left(-\frac{\ell}{N}-v\right)(N-1)} \cdot \frac{\sin\left(\pi\left(-\frac{\ell}{N}-v\right)N\right)}{\sin\left(\pi\left(-\frac{\ell}{N}-v\right)\right)}$$

$$= e^{-j\pi\left(\frac{\ell}{N}+v\right)(N-1)} \cdot \frac{\sin\left(\pi\left(\frac{\ell}{N}+v\right)N\right)}{\sin\left(\pi\left(\frac{\ell}{N}+v\right)\right)}$$

Abb. 5.24 Spektralfolge $\{X(\ell)\}_{0\le\ell\le N-1}$ der reellen Cosinusfolge $\{x(k)\}_{0\le k\le N-1}$ mit $\nu = 0{,}18$ in Polarkoordinaten

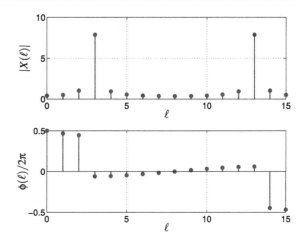

erhalten wir die Spektralfolge für die reelle Cosinusfolge gemäß der Rechnung

$$X(\ell) = \frac{Y(\ell) + Y^*(-\ell)}{2}$$

$$= \frac{1}{2} \cdot e^{-j\pi\left(\frac{\ell}{N}-\nu\right)(N-1)} \cdot \frac{\sin\left(\pi\left(\frac{\ell}{N}-\nu\right)N\right)}{\sin\left(\pi\left(\frac{\ell}{N}-\nu\right)\right)}$$

$$+ \frac{1}{2} \cdot e^{-j\pi\left(\frac{\ell}{N}+\nu\right)(N-1)} \cdot \frac{\sin\left(\pi\left(\frac{\ell}{N}+\nu\right)N\right)}{\sin\left(\pi\left(\frac{\ell}{N}+\nu\right)\right)} \;.$$

Damit lautet die Korrespondenz für die reelle Cosinusfolge mit der Frequenz ν und $0 \le k, \ell \le N-1$

$$x(k) = \cos(2\pi\nu k)$$

$$\circ\!-\!\bullet$$

$$X(\ell) = \frac{1}{2} \cdot e^{-j\pi\left(\frac{\ell}{N}-\nu\right)(N-1)} \cdot \frac{\sin\left(\pi\left(\frac{\ell}{N}-\nu\right)N\right)}{\sin\left(\pi\left(\frac{\ell}{N}-\nu\right)\right)} \tag{5.20}$$

$$+ \frac{1}{2} \cdot e^{-j\pi\left(\frac{\ell}{N}+\nu\right)(N-1)} \cdot \frac{\sin\left(\pi\left(\frac{\ell}{N}+\nu\right)N\right)}{\sin\left(\pi\left(\frac{\ell}{N}+\nu\right)\right)} \;.$$

5.8   Sinusfolge

Die in Abb. 5.25 für die Länge $N = 16$ veranschaulichte reelle *Sinusfolge*

$$x(k) = \sin\left(\frac{2\pi k \ell_0}{N}\right) \tag{5.21}$$

für $0 \leq k \leq N - 1$ besitzt wie im Fall der Cosinusfolge die Frequenz

$$\nu = \frac{\ell_0}{N} \ ,$$

die einem ganzzahligen Vielfachen von $1/N$ entspricht.

Unter Verwendung der EULERschen Formel erhalten wir

$$x(k) = \frac{1}{2j} \cdot e^{j2\pi k \ell_0 / N} - \frac{1}{2j} \cdot e^{-j2\pi k \ell_0 / N} = -\frac{j}{2} \cdot e^{j2\pi k \ell_0 / N} + \frac{j}{2} \cdot e^{j2\pi k (N - \ell_0)/N}$$

aufgrund $e^{-j2\pi k \ell_0 / N} = e^{j2\pi k (N - \ell_0)/N}$. Mit den Korrespondenzen der harmonischen Signalfolgen $e^{j2\pi k \ell_0 / N}$ und $e^{j2\pi k (N - \ell_0)/N}$ folgt wie im Fall der Cosinusfolge die in Abb. 5.26 für $\ell_0 \neq N/2$ veranschaulichte Spektralfolge und somit mit $0 \leq k, \ell \leq N - 1$ die Korrespondenz

$$x(k) = \sin\left(\frac{2\pi k \ell_0}{N}\right) \quad \circ\!\!-\!\!\bullet \quad X(\ell) = \begin{cases} -j\frac{N}{2}, & \ell = \ell_0 \\ j\frac{N}{2}, & \ell = N - \ell_0 \\ 0, & \text{sonst} \end{cases} . \tag{5.22}$$

Verallgemeinernd betrachten wir wie bei der reellen Cosinusfolge die in Abb. 5.27 für $N = 16$ dargestellte reelle Sinusfolge

$$x(k) = \sin(2\pi \nu k) \tag{5.23}$$

für $0 \leq k \leq N - 1$, bei der anstelle des Frequenzindex ℓ_0 beziehungsweise ℓ_0/N die Frequenz ν eingesetzt wird. In diesem Fall beträgt die Frequenz ν erneut kein ganzzahliges Vielfaches von $1/N$.

Abb. 5.25 Reelle Sinusfolge
$\{x(k)\}_{0 \leq k \leq N-1}$ mit $\ell_0 = 2$

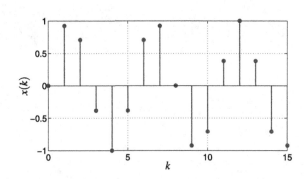

Abb. 5.26 Spektralfolge $\{X(\ell)\}_{0\le\ell\le N-1}$ mit $X(\ell) = j\Im\{X(\ell)\}$ der reellen Sinusfolge $\{x(k)\}_{0\le k\le N-1}$ mit $\ell_0 = 2$

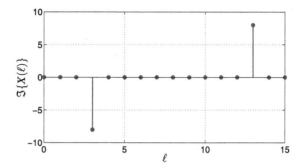

Abb. 5.27 Reelle Sinusfolge $\{x(k)\}_{0\le k\le N-1}$ mit $\nu = 0{,}18$

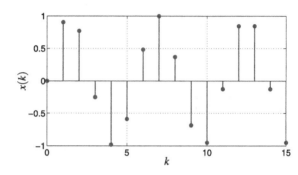

Die reelle Sinusfolge

$$x(k) = \Im\left\{e^{j2\pi\nu k}\right\}$$

kann als Imaginärteil der harmonischen Signalfolge

$$y(k) = e^{j2\pi\nu k} \quad \circ\!\!-\!\!\bullet \quad Y(\ell) = e^{-j\pi\left(\frac{\ell}{N}-\nu\right)(N-1)} \cdot \frac{\sin\left(\pi\left(\frac{\ell}{N}-\nu\right)N\right)}{\sin\left(\pi\left(\frac{\ell}{N}-\nu\right)\right)}$$

formuliert werden. Mit der Transformationsvorschrift

$$x(k) = \Im\{y(k)\} \quad \circ\!\!-\!\!\bullet \quad X(\ell) = \frac{Y(\ell) - Y^*(-\ell)}{2j}$$

für den Imaginärteil einer Signalfolge ergibt sich die Spektralfolge der Sinusfolge mit $0 \le \ell \le N-1$ wie in Abb. 5.28 in kartesischen Koordinaten und in Abb. 5.29 in Polarkoordinaten veranschaulicht.

Unter erneuter Verwendung der Beziehung

$$Y^*(-\ell) = e^{-j\pi\left(\frac{\ell}{N}+\nu\right)(N-1)} \cdot \frac{\sin\left(\pi\left(\frac{\ell}{N}+\nu\right)N\right)}{\sin\left(\pi\left(\frac{\ell}{N}+\nu\right)\right)}$$

Abb. 5.28 Spektralfolge $\{X(\ell)\}_{0\leq\ell\leq N-1}$ der reellen Sinusfolge $\{x(k)\}_{0\leq k\leq N-1}$ mit $\nu = 0{,}18$ in kartesischen Koordinaten

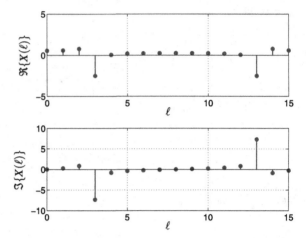

Abb. 5.29 Spektralfolge $\{X(\ell)\}_{0\leq\ell\leq N-1}$ der reellen Sinusfolge $\{x(k)\}_{0\leq k\leq N-1}$ mit $\nu = 0{,}18$ in Polarkoordinaten

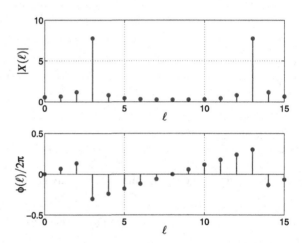

folgt die zugehörige Spektralfolge

$$X(\ell) = \frac{Y(\ell) - Y^*(-\ell)}{2j}$$

$$= \frac{1}{2j} \cdot e^{-j\pi\left(\frac{\ell}{N}-\nu\right)(N-1)} \cdot \frac{\sin\left(\pi\left(\frac{\ell}{N}-\nu\right)N\right)}{\sin\left(\pi\left(\frac{\ell}{N}-\nu\right)\right)}$$

$$- \frac{1}{2j} \cdot e^{-j\pi\left(\frac{\ell}{N}+\nu\right)(N-1)} \cdot \frac{\sin\left(\pi\left(\frac{\ell}{N}+\nu\right)N\right)}{\sin\left(\pi\left(\frac{\ell}{N}+\nu\right)\right)} \quad .$$

Damit erhalten wir für $0 \le k, \ell \le N - 1$ die Korrespondenz für die reelle Sinusfolge

$$x(k) = \sin(2\pi v k)$$

$$X(\ell) = \frac{1}{2j} \cdot e^{-j\pi\left(\frac{\ell}{N}-v\right)(N-1)} \cdot \frac{\sin\left(\pi\left(\frac{\ell}{N}-v\right)N\right)}{\sin\left(\pi\left(\frac{\ell}{N}-v\right)\right)} \qquad (5.24)$$

$$- \frac{1}{2j} \cdot e^{-j\pi\left(\frac{\ell}{N}+v\right)(N-1)} \cdot \frac{\sin\left(\pi\left(\frac{\ell}{N}+v\right)N\right)}{\sin\left(\pi\left(\frac{\ell}{N}+v\right)\right)} \,.$$

5.9 Leckeffekt

Wir betrachten nochmals die harmonische Signalfolge

$$x(k) = e^{j2\pi v k} \qquad \circ\!\!-\!\!\bullet \qquad X(\ell) = e^{-j\pi\left(\frac{\ell}{N}-v\right)(N-1)} \cdot \frac{\sin\left(\pi\left(\frac{\ell}{N}-v\right)N\right)}{\sin\left(\pi\left(\frac{\ell}{N}-v\right)\right)}$$

mit der Frequenz v für $0 \le k, \ell \le N - 1$. In Abb. 5.30 ist die harmonische Signalfolge beispielsweise mit $v = 0{,}234$ für $N = 16$ dargestellt. Die zugehörige Spektralfolge zeigt Abb. 5.31 in Polarkoordinaten.[2] Trotz der für die Signalfolge ausschließlich verwendeten Frequenz v treten in der Spektralfolge mehrere Spektralanteile auf. Der Grund liegt in der periodischen Fortsetzung der Signalfolge mit der Periode N im Originalbereich und der an den Randstellen vorliegenden unstetigen Fortsetzung, wie in Abb. 5.32 für die reelle Cosinusfolge veranschaulicht. Dies führt zu einer Verbreiterung der Spektralfolge im Spektralbereich im Sinne des so genannten *Leckeffekts* [3, 14, 25].

In den Abb. 5.33 und 5.34 sind als weiteres Beispiel die finite Signalfolge $\{x(k)\}_{0 \le k \le N-1}$ und die zugehörige finite Spektralfolge $\{X(\ell)\}_{0 \le \ell \le N-1}$ in Polarkoordinaten der Länge $N = 32$ für die überlagerte harmonische Signalfolge

$$x(k) = a_1 \cdot e^{j2\pi v_1 k} + a_2 \cdot e^{j2\pi v_2 k}$$

mit der zugehörigen Spektralfolge

$$X(\ell) = a_1 \cdot e^{-j\pi\left(\frac{\ell}{N}-v_1\right)(N-1)} \cdot \frac{\sin\left(\pi\left(\frac{\ell}{N}-v_1\right)N\right)}{\sin\left(\pi\left(\frac{\ell}{N}-v_1\right)\right)}$$

$$+ a_2 \cdot e^{-j\pi\left(\frac{\ell}{N}-v_2\right)(N-1)} \cdot \frac{\sin\left(\pi\left(\frac{\ell}{N}-v_2\right)N\right)}{\sin\left(\pi\left(\frac{\ell}{N}-v_2\right)\right)}$$

---

[2] In Abb. 5.31 ist zusätzlich der Betrag der Funktion $\sin(\pi(\ell/N - v)N)/\sin(\pi(\ell/N - v))$ gestrichelt eingetragen.

Abb. 5.30 Harmonische Signalfolge $\{x(k)\}_{0 \leq k \leq N-1}$ mit $\nu = 0{,}234$

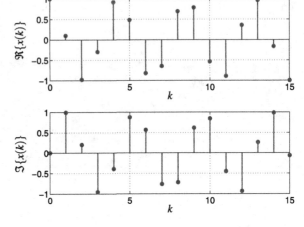

Abb. 5.31 Spektralfolge $\{X(\ell)\}_{0 \leq \ell \leq N-1}$ der harmonischen Signalfolge $\{x(k)\}_{0 \leq k \leq N-1}$ mit $\nu = 0{,}234$ in Polarkoordinaten

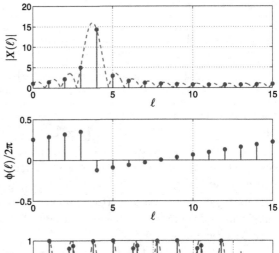

Abb. 5.32 Periodische Fortsetzung der Cosinusfolge $\{x(k)\}_{0 \leq k \leq N-1}$ mit $x(k) = \cos(2\pi\nu k)$ und $\nu = 0{,}18$ sowie der Cosinusfolge $\{y(k)\}_{0 \leq k \leq N-1}$ mit $y(k) = \cos(2\pi k \ell_0/N)$ und $\ell_0/N = 2/16 = 0{,}125$

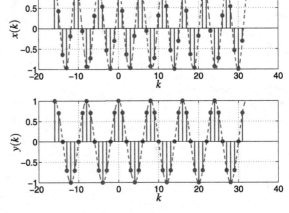

Abb. 5.33 Überlagerte harmonische Signalfolge $\{x(k)\}_{0 \le k \le N-1}$ mit $\nu_1 = 0{,}234$ und $\nu_2 = 0{,}080$ sowie $a_1 = 1{,}0$ und $a_2 = 2{,}0$

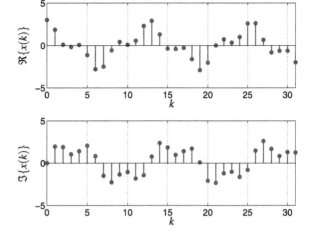

Abb. 5.34 Spektralfolge $\{X(\ell)\}_{0 \le \ell \le N-1}$ der überlagerten harmonischen Signalfolge $\{x(k)\}_{0 \le k \le N-1}$ mit $\nu_1 = 0{,}234$ und $\nu_2 = 0{,}080$ sowie $a_1 = 1{,}0$ und $a_2 = 2{,}0$

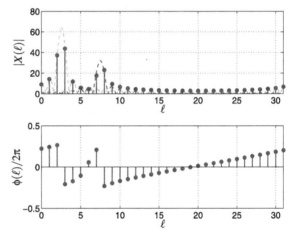

mit $0 \le k, \ell \le N - 1$ dargestellt unter Verwendung von $\nu_1 = 0{,}234$ und $\nu_2 = 0{,}080$ sowie $a_1 = 1{,}0$ und $a_2 = 2{,}0$. Wie ersichtlich wird die Spektralfolge im Spektralbereich erneut im Sinne des Leckeffekts verbreitert.

Zur Verminderung des Leckeffekts werden *Fensterfolgen* $\{w(k)\}_{0 \le k \le N-1}$ eingesetzt, welche zur Verringerung der Unstetigkeiten an den Randstellen bei der periodischen Fortsetzung der finiten Signalfolge $\{x(k)\}_{0 \le k \le N-1}$ dienen. Hierzu wird mit der Fensterfolge die Signalfolge $\{y(k)\}_{0 \le k \le N-1}$ gemäß

$$y(k) = x(k) \cdot w(k) \tag{5.25}$$

gebildet. Die Multiplikation der finiten Signalfolge $\{x(k)\}_{0 \le k \le N-1}$ und der finiten Fensterfolge $\{w(k)\}_{0 \le k \le N-1}$ im Originalbereich entspricht der periodischen Faltung der zugehö-

Abb. 5.35 Fensterfolgen $\{w(k)\}_{0 \leq k \leq N-1}$

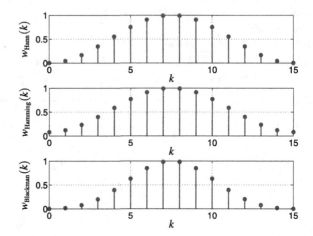

Abb. 5.36 Beträge der Spektralfolgen $\{W(\ell)\}_{0 \leq \ell \leq N-1}$ der Fensterfolgen $\{w(k)\}_{0 \leq k \leq N-1}$

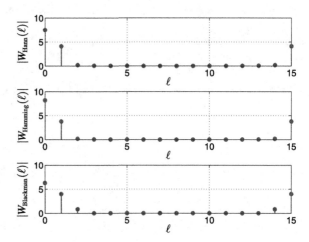

rigen finiten Spektralfolgen $\{X(\ell)\}_{0 \leq \ell \leq N-1}$ und $\{W(\ell)\}_{0 \leq \ell \leq N-1}$ gemäß

$$Y(\ell) = \frac{1}{N} \cdot X(\ell) \star W(\ell) = \frac{1}{N} \sum_{\lambda=0}^{N-1} X(\lambda) \cdot W(\ell - \lambda) = \frac{1}{N} \sum_{\lambda=0}^{N-1} X(\lambda) \cdot W(\ell - \lambda \bmod N)$$

mit $X(\ell) = \mathrm{DFT}\{x(k)\}$ und $W(\ell) = \mathrm{DFT}\{w(k)\}$. Die nachfolgend zusammengestellten und in Abb. 5.35 für $N = 16$ veranschaulichten finiten Fensterfolgen werden häufig in der digitalen Signalverarbeitung eingesetzt. Abbildung 5.36 stellt die Beträge der Polarkoordinaten der zugehörigen finiten Spektralfolgen dar.

5.9.1 Hann-Fenster

Das *HANN-Fenster* der Länge N ist für $0 \leq k \leq N - 1$ definiert durch

$$w(k) = \frac{1}{2} - \frac{1}{2} \cdot \cos\left(\frac{2\pi k}{N-1}\right) \quad . \tag{5.26}$$

5.9.2 Hamming-Fenster

Das *HAMMING-Fenster* der Länge N lautet für $0 \leq k \leq N - 1$

$$w(k) = 0{,}54 - 0{,}46 \cdot \cos\left(\frac{2\pi k}{N-1}\right) \quad . \tag{5.27}$$

5.9.3 Blackman-Fenster

Das *BLACKMAN-Fenster* der Länge N ist für $0 \leq k \leq N - 1$ gegeben durch

$$w(k) = 0{,}42 - 0{,}50 \cdot \cos\left(\frac{2\pi k}{N-1}\right) + 0{,}08 \cdot \cos\left(\frac{4\pi k}{N-1}\right) \quad . \tag{5.28}$$

In Abb. 5.37 ist die mit der HAMMING-Fensterfolge gebildete finite Signalfolge $\{y(k)\}_{0 \leq k \leq N-1}$ mit $y(k) = x(k) \cdot w(k)$ der Länge $N = 32$ für die überlagerte harmonische Signalfolge

$$x(k) = a_1 \cdot e^{j2\pi v_1 k} + a_2 \cdot e^{j2\pi v_2 k}$$

Abb. 5.37 Mit der Fensterfolge multiplizierte überlagerte harmonische Signalfolge $\{y(k)\}_{0 \leq k \leq N-1}$ mit $v_1 = 0{,}234$ und $v_2 = 0{,}080$ sowie $a_1 = 1{,}0$ und $a_2 = 2{,}0$

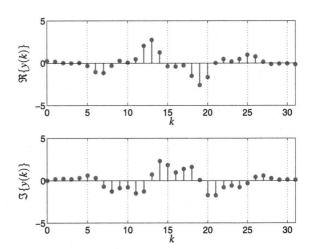

Abb. 5.38 Spektralfolge $\{Y(\ell)\}_{0\leq\ell\leq N-1}$ der mit der Fensterfolge multiplizierten überlagerten harmonischen Signalfolge $\{y(k)\}_{0\leq k\leq N-1}$ mit $v_1 = 0{,}234$ und $v_2 = 0{,}080$ sowie $a_1 = 1{,}0$ und $a_2 = 2{,}0$

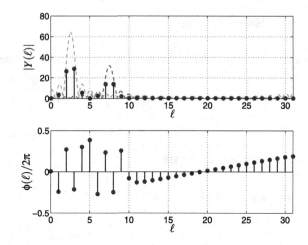

für $v_1 = 0{,}234$ und $v_2 = 0{,}080$ sowie $a_1 = 1{,}0$ und $a_2 = 2{,}0$ dargestellt. Wie die zugehörige Spektralfolge $\{Y(\ell)\}_{0\leq\ell\leq N-1}$ in Abb. 5.38 veranschaulicht führt die Fensterfolge zu einer Verringerung der Verbreiterung der Spektralfolge und damit zu einer Minderung des Leckeffekts.

5.10 Tabellarische Zusammenfassung

Die wichtigsten in diesem Kapitel hergeleiteten Korrespondenzen der diskreten FOURIER-Transformation mit $X(\ell) = \mathrm{DFT}\{x(k)\}$ und $x(k) = \mathrm{IDFT}\{X(\ell)\}$ sowie $0 \le k, \ell \le N-1$ sind in Tab. 5.1 zusammengefasst.

Tab. 5.1 Korrespondenzen der diskreten FOURIER-Transformation DFT

Signalfolge	Spektralfolge
$x(k) = \begin{cases} 1, & k = 0 \\ 0, & k \ne 0 \end{cases}$	$X(\ell) = 1$
$x(k) = \begin{cases} 1, & k = k_0 \\ 0, & k \ne k_0 \end{cases}$	$X(\ell) = \mathrm{e}^{-j2\pi k_0 \ell / N}$
$x(k) = 1$	$X(\ell) = \begin{cases} N, & \ell = 0 \\ 0, & \ell \ne 0 \end{cases}$
$x(k) = \begin{cases} 1, & 0 \le k \le L-1 \\ 0, & L \le k \le N-1 \end{cases}$	$X(\ell) = \mathrm{e}^{-j\pi\ell(L-1)/N} \cdot \dfrac{\sin(\pi\ell L/N)}{\sin(\pi\ell/N)}$
$x(k) = \begin{cases} k+1, & 0 \le k \le L-1 \\ 2L-k-1, & L \le k \le 2L-2 \\ 0, & 2L-1 \le k \le N-1 \end{cases}$	$X(\ell) = \mathrm{e}^{-j2\pi\ell(L-1)/N} \cdot \left(\dfrac{\sin(\pi\ell L/N)}{\sin(\pi\ell/N)}\right)^2$
$x(k) = \mathrm{e}^{j2\pi k \ell_0/N}$	$X(\ell) = \begin{cases} N, & \ell = \ell_0 \\ 0, & \ell \ne \ell_0 \end{cases}$
$x(k) = \mathrm{e}^{j2\pi v k}$	$X(\ell) = \mathrm{e}^{-j\pi(\frac{\ell}{N}-v)(N-1)} \cdot \dfrac{\sin(\pi(\frac{\ell}{N}-v)N)}{\sin(\pi(\frac{\ell}{N}-v))}$
$x(k) = \cos\left(\dfrac{2\pi k \ell_0}{N}\right)$	$X(\ell) = \begin{cases} \frac{N}{2}, & \ell = \ell_0 \\ \frac{N}{2}, & \ell = N - \ell_0 \\ 0, & \text{sonst} \end{cases}$
$x(k) = \cos(2\pi v k)$	$X(\ell) = \frac{1}{2} \cdot \mathrm{e}^{-j\pi(\frac{\ell}{N}-v)(N-1)} \cdot \dfrac{\sin(\pi(\frac{\ell}{N}-v)N)}{\sin(\pi(\frac{\ell}{N}-v))}$ $+ \frac{1}{2} \cdot \mathrm{e}^{-j\pi(\frac{\ell}{N}+v)(N-1)} \cdot \dfrac{\sin(\pi(\frac{\ell}{N}+v)N)}{\sin(\pi(\frac{\ell}{N}+v))}$
$x(k) = \sin\left(\dfrac{2\pi k \ell_0}{N}\right)$	$X(\ell) = \begin{cases} -j\frac{N}{2}, & \ell = \ell_0 \\ j\frac{N}{2}, & \ell = N - \ell_0 \\ 0, & \text{sonst} \end{cases}$
$x(k) = \sin(2\pi v k)$	$X(\ell) = \frac{1}{2j} \cdot \mathrm{e}^{-j\pi(\frac{\ell}{N}-v)(N-1)} \cdot \dfrac{\sin(\pi(\frac{\ell}{N}-v)N)}{\sin(\pi(\frac{\ell}{N}-v))}$ $- \frac{1}{2j} \cdot \mathrm{e}^{-j\pi(\frac{\ell}{N}+v)(N-1)} \cdot \dfrac{\sin(\pi(\frac{\ell}{N}+v)N)}{\sin(\pi(\frac{\ell}{N}+v))}$

Schnelle Fourier-Transformation $\quad$ **6**

Die Transformationsformeln der diskreten FOURIER-Transformation

$$X(\ell) = \mathrm{DFT}\left\{x(k)\right\} = \sum_{k=0}^{N-1} x(k) \cdot w_N^{k\ell}$$

$$x(k) = \mathrm{IDFT}\left\{X(\ell)\right\} = \frac{1}{N}\sum_{\ell=0}^{N-1} X(\ell) \cdot w_N^{-k\ell}$$

besitzen aufgrund der Eigenschaften des Drehfaktors $w_N = e^{-j2\pi/N}$ reichhaltige Symmetrien, die zur Herleitung eines numerisch effizienten Berechnungsalgorithmus zu Hilfe genommen werden können. Eine direkte Berechnung auf Basis der obigen Summendarstellung erfordert einen Aufwand von

$$N \cdot (N-1) = N^2 - N \tag{6.1}$$

komplexen Additionen und

$$N^2 \tag{6.2}$$

komplexen Multiplikationen – also einen Aufwand von $\mathcal{O}(N^2)$ komplexen Additionen und Multiplikationen.[1]

In der weiteren Diskussion wird entsprechend der von COOLEY und TUKEY angegebenen Herleitung des Radix-2 FFT-Algorithmus der *schnellen FOURIER-Transformation* (*FFT – Fast Fourier Transform*) angenommen, dass die Länge N der Signalfolge eine Zweierpotenz ist, das heißt es gilt [2, 3, 5, 18]

$$N = 2^n \ . \tag{6.3}$$

---

[1] Die Schreibweise $\mathcal{O}(f(N))$ bedeutet, dass die Berechnungskomplexität für N Komponenten höchstens gleich $c \cdot f(N)$ mit der Konstanten c ist.

A. Neubauer, *DFT – Diskrete Fourier-Transformation*, DOI 10.1007/978-3-8348-1997-0_6, $\quad$ 123
© Vieweg+Teubner Verlag | Springer Fachmedien Wiesbaden 2012

Aufgrund der Beziehung

$$x(k) = \text{IDFT}\left\{X(\ell)\right\} = \frac{1}{N}\left(\text{DFT}\left\{X^*(\ell)\right\}\right)^*$$

kann die inverse diskrete FOURIER-Transformation IDFT auf die diskrete FOURI-ER-Transformation DFT zurückgeführt werden. Hiernach wird zur Bestimmung der Signalfolge die diskrete FOURIER-Transformation der konjugiert komplexen Spektralfolge durchgeführt, die resultierende Signalfolge komplex konjugiert und durch den Faktor N dividiert. Entsprechend wie angegeben kann die inverse schnelle FOURIER-Transformation IFFT (*Inverse Fast FOURIER Transform*) auf die schnelle FOURIER-Transformation FFT zurückgeführt werden. Im Folgenden betrachten wir daher ausschließlich die Hintransformation der schnellen FOURIER-Transformation FFT.

6.1   Dezimation im Originalbereich

Zur Ausnutzung der im Kap. 4 hergeleiteten Symmetrieeigenschaften der diskreten FOURIER-Transformation wird als erster Schritt die finite Signalfolge

$$\{x(k)\}_{0 \le k \le N-1} = \{x(0), x(1), \ldots, x(N-1)\}$$

in zwei Teilsignalfolgen mit geraden beziehungsweise ungeraden Indizes aufgeteilt gemäß

$$\{x'(k)\}_{0 \le k \le N/2-1} = \{x'(0), x'(1), \ldots, x'(N/2-1)\} \quad,$$
$$\{x''(k)\}_{0 \le k \le N/2-1} = \{x''(0), x''(1), \ldots, x''(N/2-1)\}$$

für $0 \le k \le N/2 - 1$ mit

$$x'(k) = x(2k) \quad \text{und} \quad x''(k) = x(2k+1) \ . \tag{6.4}$$

Dieser Schritt heißt „Dezimation im Originalbereich" oder „Dezimation im Zeitbereich" (*Decimation in Time*). Unter Verwendung dieser Teilsignalfolgen erhalten wir

$$\begin{aligned}
X(\ell) &= \sum_{k=0}^{N-1} x(k) \cdot w_N^{k\ell} \\
&= \sum_{k=0}^{N/2-1} x(2k) \cdot w_N^{2k\ell} + \sum_{k=0}^{N/2-1} x(2k+1) \cdot w_N^{(2k+1)\ell} \\
&= \sum_{k=0}^{N/2-1} x'(k) \cdot w_N^{2k\ell} + w_N^{\ell} \sum_{k=0}^{N/2-1} x''(k) \cdot w_N^{2k\ell} \ .
\end{aligned}$$

Für den Drehfaktor gilt

$$w_N^2 = \left(e^{-j2\pi/N}\right)^2 = e^{-j2\pi 2/N} = e^{-j2\pi/(N/2)} = w_{N/2} \ .$$

Damit folgt

$$X(\ell) = \sum_{k=0}^{N/2-1} x'(k) \cdot w_{N/2}^{k\ell} + w_N^{\ell} \sum_{k=0}^{N/2-1} x''(k) \cdot w_{N/2}^{k\ell} \ .$$

Die auftretenden Summen entsprechen der diskreten FOURIER-Transformation der beiden Teilsignalfolgen $\{x'(k)\}_{0 \le k \le N/2-1}$ und $\{x''(k)\}_{0 \le k \le N/2-1}$, das heißt es gilt

$$X'(\ell) = \mathrm{DFT}\left\{x'(k)\right\} = \sum_{k=0}^{N/2-1} x'(k) \cdot w_{N/2}^{k\ell} \ , \tag{6.5}$$

$$X''(\ell) = \mathrm{DFT}\left\{x''(k)\right\} = \sum_{k=0}^{N/2-1} x''(k) \cdot w_{N/2}^{k\ell} \tag{6.6}$$

für $0 \le \ell \le N/2 - 1$. Somit ergibt sich die Beziehung

$$X(\ell) = X'(\ell) + w_N^{\ell} \cdot X''(\ell) \ .$$

Wird probeweise in der Gleichung

$$X(\ell) = \sum_{k=0}^{N/2-1} x'(k) \cdot w_{N/2}^{k\ell} + w_N^{\ell} \sum_{k=0}^{N/2-1} x''(k) \cdot w_{N/2}^{k\ell}$$

der Index ℓ durch den Index $\ell + N/2$ ersetzt, so folgt unter Beachtung der $N/2$-Periodizität der auf der Menge der ganzen Zahlen $\mathbb{Z}$ periodisch fortgesetzten finiten Spektralfolgen $\{X'(\ell)\}_{0 \le \ell \le N/2-1}$ und $\{X''(\ell)\}_{0 \le \ell \le N/2-1}$ sowie mit Hilfe von $w_{N/2}^{N/2} = 1$ und $w_N^{N/2} = -1$ der Ausdruck

$$\begin{aligned} X(\ell + N/2) &= \sum_{k=0}^{N/2-1} x'(k) \cdot w_{N/2}^{k(\ell+N/2)} + w_N^{(\ell+N/2)} \sum_{k=0}^{N/2-1} x''(k) \cdot w_{N/2}^{k(\ell+N/2)} \\ &= \sum_{k=0}^{N/2-1} x'(k) \cdot w_{N/2}^{k\ell} \cdot w_{N/2}^{kN/2} + w_N^{\ell} \cdot w_N^{N/2} \sum_{k=0}^{N/2-1} x''(k) \cdot w_{N/2}^{k\ell} \cdot w_{N/2}^{kN/2} \\ &= \sum_{k=0}^{N/2-1} x'(k) \cdot w_{N/2}^{k\ell} - w_N^{\ell} \sum_{k=0}^{N/2-1} x''(k) \cdot w_{N/2}^{k\ell} \\ &= X'(\ell) - w_N^{\ell} \cdot X''(\ell) \ . \end{aligned}$$

Zusammengefasst gilt somit für die resultierende Spektralfolge mit $0 \le \ell \le N/2 - 1$

$$X(\ell) = X'(\ell) + w_N^{\ell} \cdot X''(\ell) \ , \tag{6.7}$$

$$X(\ell + N/2) = X'(\ell) - w_N^{\ell} \cdot X''(\ell) \ . \tag{6.8}$$

Diese Operation wird als *Butterfly*-Operation bezeichnet, da der zugehörige gezeigte Signalflussgraf die Form eines Schmetterlings besitzt, wie in Abb. 6.1 veranschaulicht.

Abb. 6.1 *Butterfly*-Operation der
schnellen FOURIER-Transformation

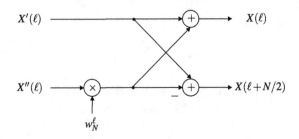

Die Berechnung der diskreten FOURIER-Transformation der Länge N kann somit auf
die Berechnung zweier diskreter FOURIER-Transformationen der Länge $N/2$ zurückgeführt
werden. Jede dieser diskreten FOURIER-Transformationen der halben Länge erfordert einen
Berechnungsaufwand von $(N/2)^2 - N/2$ komplexen Additionen und $(N/2)^2$ komplexen
Multiplikationen. Der gesamte Berechnungsaufwand beträgt daher

$$2 \cdot \left[\left(\frac{N}{2} \right)^2 - \frac{N}{2} \right] + N = \frac{N^2}{2} \qquad \text{komplexe Additionen,}$$

$$2 \cdot \left(\frac{N}{2} \right)^2 + \frac{N}{2} = \frac{N(N+1)}{2} \qquad \text{komplexe Multiplikationen}$$

anstelle von $N^2 - N$ komplexen Additionen und N^2 komplexen Multiplikationen für die
direkte Berechnung der diskreten FOURIER-Transformation der Länge N. Der Berechnungsaufwand kann somit durch den Dezimationsschritt im Originalbereich ungefähr um
den Faktor 2 verringert werden.

Beispiel 6.1

Als Beispiel betrachten wir die Dezimation im Originalbereich für die diskrete FOURIER-
Transformation der Länge $N = 8$. Mit dem Drehfaktor

$$w_8 = e^{-j2\pi/8} = e^{-j\pi/4} = \frac{1-j}{\sqrt{2}}$$

ergeben sich die zugehörigen Gleichungen

$$X(\ell) = X'(\ell) + w_8^\ell \cdot X''(\ell) \ ,$$

$$X(\ell + 4) = X'(\ell) - w_8^\ell \cdot X''(\ell)$$

mit $0 \le \ell \le 3$ für die Spektralfolge $\{X(\ell)\}_{0 \le \ell \le 7}$. Die Transformationsformeln der diskreten FOURIER-Transformation der Länge $N/2 = 4$ lauten

$$X'(\ell) = \text{DFT} \{x'(k)\} = \sum_{k=0}^{3} x'(k) \cdot w_4^{k\ell} \ ,$$

$$X''(\ell) = \text{DFT} \{x''(k)\} = \sum_{k=0}^{3} x''(k) \cdot w_4^{k\ell}$$

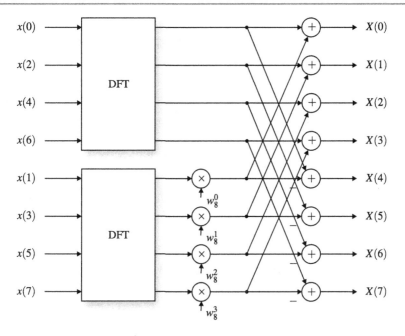

Abb. 6.2 Diskrete FOURIER-Transformation der Länge $N = 8$ mit Dezimation im Originalbereich

für die beiden Teilsignalfolgen $\{x'(k)\}_{0 \le k \le 3}$ und $\{x''(k)\}_{0 \le k \le 3}$ gegeben durch

$$\{x'(k)\}_{0 \le k \le 3} = \{x(0), x(2), x(4), x(6)\} \ ,$$

$$\{x''(k)\}_{0 \le k \le 3} = \{x(1), x(3), x(5), x(7)\} \ .$$

Für den Drehfaktor w_4 gilt

$$w_4 = e^{-j2\pi/4} = e^{-j\pi/2} = -j \ .$$

Hiermit ist die Berechnung der diskreten FOURIER-Transformation der Länge $N = 8$ auf die Berechnung zweier diskreter FOURIER-Transformationen der Länge $N/2 = 4$ zurückgeführt, wie der Signalflussgraf in Abb. 6.2 veranschaulicht. ◇

Da die Länge $N = 2^n$ als Zweierpotenz vorausgesetzt wird, kann dieselbe Vorgehensweise der Dezimation im Originalbereich erneut auf die beiden dezimierten Folgen $\{x'(k)\}_{0 \le k \le N/2-1}$ und $\{x''(k)\}_{0 \le k \le N/2-1}$ angewendet werden, bis wir bei diskreten FOURIER-Transformationen der Länge 2 angelangt sind. Der so hergeleitete Algorithmus zur Berechnung der diskreten FOURIER-Transformation wird als *schnelle FOURIER-Transformation* oder *FFT* (**Fast Fourier Transform**) bezeichnet.

Beispiel 6.2

Wie in Beispiel 3.1 auf S. 33 hergeleitet lauten die Transformationsgleichungen für die diskrete FOURIER-Transformation der Länge $N = 4$

$$X(0) = x(0) + x(1) + x(2) + x(3) \ ,$$
$$X(1) = x(0) - \mathrm{j} \cdot x(1) - x(2) + \mathrm{j} \cdot x(3) \ ,$$
$$X(2) = x(0) - x(1) + x(2) - x(3) \ ,$$
$$X(3) = x(0) + \mathrm{j} \cdot x(1) - x(2) - \mathrm{j} \cdot x(3)$$

mit dem Drehfaktor $w_4 = -\mathrm{j}$. Gemäß Abb. 6.3 wird die diskrete FOURIER-Transformation der Länge $N = 4$ auf zwei diskrete FOURIER-Transformationen der Länge $N/2 = 2$ zurückgeführt mit $w_4^0 = 1$ und $w_4^1 = w_4 = -\mathrm{j}$ gemäß

$$\begin{aligned}
X(0) &= x(0) + x(1) + x(2) + x(3) \\
&= (x(0) + x(2)) + (x(1) + x(3)) \\
&= (x'(0) + x'(1)) + (x''(0) + x''(1)) \ ,
\end{aligned}$$

$$\begin{aligned}
X(1) &= x(0) - \mathrm{j} \cdot x(1) - x(2) + \mathrm{j} \cdot x(3) \\
&= (x(0) - x(2)) - \mathrm{j}(x(1) - x(3)) \\
&= (x'(0) - x'(1)) - \mathrm{j}(x''(0) - x''(1)) \ ,
\end{aligned}$$

$$\begin{aligned}
X(2) &= x(0) - x(1) + x(2) - x(3) \\
&= (x(0) + x(2)) - (x(1) + x(3)) \\
&= (x'(0) + x'(1)) - (x''(0) + x''(1)) \ ,
\end{aligned}$$

$$\begin{aligned}
X(3) &= x(0) + \mathrm{j} \cdot x(1) - x(2) - \mathrm{j} \cdot x(3) \\
&= (x(0) - x(2)) + \mathrm{j}(x(1) - x(3)) \\
&= (x'(0) - x'(1)) + \mathrm{j}(x''(0) - x''(1)) \ .
\end{aligned}$$

Hierbei haben wir die Teilsignalfolgen

$$\{x'(k)\}_{0 \leq k \leq 1} = \{x'(0), x'(1)\} = \{x(0), x(2)\} \ ,$$
$$\{x''(k)\}_{0 \leq k \leq 1} = \{x''(0), x''(1)\} = \{x(1), x(3)\}$$

der Länge $N/2 = 2$ verwendet. Für diese Teilsignalfolgen der Länge 2 lauten die Transformationsgleichungen für die diskrete FOURIER-Transformation der Länge 2

$$X'(\ell) = x'(0) + w_2^\ell \cdot x'(1) \ ,$$
$$X''(\ell) = x''(0) + w_2^\ell \cdot x''(1)$$

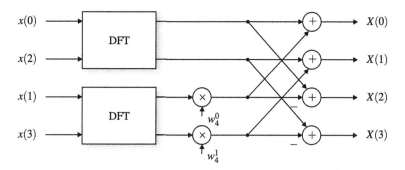

Abb. 6.3 Diskrete Fourier-Transformation der Länge $N = 4$ mit Dezimation im Originalbereich

Abb. 6.4 Diskrete Fourier-
Transformation der Länge $N = 2$

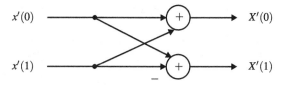

für $0 \leq \ell \leq 1$. Mit dem Drehfaktor

$$w_2 = e^{-j2\pi/2} = e^{-j\pi} = -1$$

folgen wie in Abb. 6.4 für die Teilsignalfolge $\{x'(k)\}_{0 \leq k \leq 1} = \{x'(0), x'(1)\}$ gezeigt ausführlich die Berechnungsvorschriften

$$X'(0) = x'(0) + x'(1) \ ,$$
$$X'(1) = x'(0) - x'(1)$$

und

$$X''(0) = x''(0) + x''(1) \ ,$$
$$X''(1) = x''(0) - x''(1) \ .$$

Zusammengefasst lauten für die diskrete Fourier-Transformation der Länge 4 die
Transformationsgleichungen

$$X(0) = \big(x'(0) + x'(1)\big) + \big(x''(0) + x''(1)\big) = X'(0) + X''(0) \ ,$$
$$X(2) = \big(x'(0) + x'(1)\big) - \big(x''(0) + x''(1)\big) = X'(0) - X''(0)$$

und

$$X(1) = \big(x'(0) - x'(1)\big) - j\big(x''(0) - x''(1)\big) = X'(1) - j \cdot X''(1) \ ,$$
$$X(3) = \big(x'(0) - x'(1)\big) + j\big(x''(0) - x''(1)\big) = X'(1) + j \cdot X''(1) \ .$$

◇

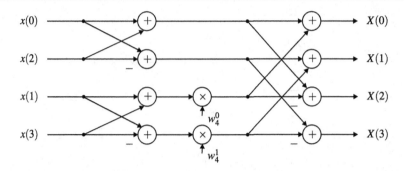

Abb. 6.5 Schnelle Fourier-Transformation der Länge $N = 4$ mit Dezimation im Originalbereich

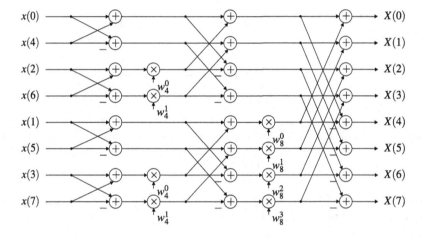

Abb. 6.6 Schnelle Fourier-Transformation der Länge $N = 8$ mit Dezimation im Originalbereich

In Abb. 6.5 und in Abb. 6.6 sind die resultierenden Signalflussgrafen für die schnellen Fourier-Transformationen der Länge $N = 4$ und der Länge $N = 8$ mit mehrfach durchgeführter Dezimation im Originalbereich veranschaulicht. Die Umordnung der Indizes der finiten Signalfolge $\{x(k)\}_{0 \leq k \leq N-1}$ wird als *Bit Reversal* bezeichnet.[2]

6.2   Dezimation im Spektralbereich

Anstelle der im Abschn. 6.1 behandelten Dezimation im Originalbereich teilen wir nun die finite Signalfolge $\{x(k)\}_{0 \leq k \leq N-1}$ der Länge N in zwei Teilsignalfolgen der halben Länge

---

[2] Der Begriff *Bit Reversal* kennzeichnet die umgekehrte Reihenfolge der in Binärschreibweise formulierten Indizes.

$N/2$ auf gemäß

$$\{x(k)\}_{0 \le k \le N/2-1} = \{x(0), x(1), \ldots, x(N/2-1)\} \quad,$$
$$\{x(k+N/2)\}_{0 \le k \le N/2-1} = \{x(N/2), x(N/2+1), \ldots, x(N-1)\} \quad.$$

Unter Verwendung dieser Teilsignalfolgen erhalten wir

$$X(\ell) = \sum_{k=0}^{N-1} x(k) \cdot w_N^{k\ell}$$

$$= \sum_{k=0}^{N/2-1} x(k) \cdot w_N^{k\ell} + \sum_{k=N/2}^{N-1} x(k) \cdot w_N^{k\ell}$$

$$= \sum_{k=0}^{N/2-1} x(k) \cdot w_N^{k\ell} + \sum_{k=0}^{N/2-1} x(k+N/2) \cdot w_N^{(k+N/2)\ell}$$

$$= \sum_{k=0}^{N/2-1} x(k) \cdot w_N^{k\ell} + w_N^{(N/2)\ell} \sum_{k=0}^{N/2-1} x(k+N/2) \cdot w_N^{k\ell} \quad.$$

Für den Drehfaktor gilt $w_N^{N/2} = -1$ und somit $w_N^{(N/2)\ell} = (-1)^\ell$. Daraus folgt

$$X(\ell) = \sum_{k=0}^{N/2-1} x(k) \cdot w_N^{k\ell} + (-1)^\ell \sum_{k=0}^{N/2-1} x(k+N/2) \cdot w_N^{k\ell}$$

$$= \sum_{k=0}^{N/2-1} \left[x(k) + (-1)^\ell \cdot x(k+N/2) \right] \cdot w_N^{k\ell} \quad.$$

Im nächsten Schritt spalten wir die Spektralfolge $\{X(\ell)\}_{0 \le \ell \le N-1}$ in zwei Teilspektralfolgen halber Länge auf im Sinne der „Dezimation im Spektralbereich" oder „Dezimation im Frequenzbereich" (*Decimation in Frequency*) gemäß

$$\{X'(\ell)\}_{0 \le \ell \le N/2-1} = \{X'(0), X'(1), \ldots, X'(N/2-1)\} \quad,$$
$$\{X''(\ell)\}_{0 \le \ell \le N/2-1} = \{X''(0), X''(1), \ldots, X''(N/2-1)\}$$

mit den Zuordnungen

$$X'(\ell) = X(2\ell) \quad \text{und} \quad X''(\ell) = X(2\ell+1) \quad. \tag{6.9}$$

Hiermit ergeben sich die Teilspektralfolgen

$$X'(\ell) = X(2\ell)$$

$$= \sum_{k=0}^{N/2-1} \left[x(k) + (-1)^{2\ell} \cdot x(k+N/2) \right] \cdot w_N^{k(2\ell)}$$

$$= \sum_{k=0}^{N/2-1} \left[x(k) + x(k+N/2) \right] \cdot w_N^{2k\ell}$$

sowie

$$X''(\ell) = X(2\ell + 1)$$

$$= \sum_{k=0}^{N/2-1} \left[x(k) + (-1)^{2\ell+1} \cdot x(k + N/2) \right] \cdot w_N^{k(2\ell+1)}$$

$$= \sum_{k=0}^{N/2-1} \left[x(k) - x(k + N/2) \right] \cdot w_N^k \cdot w_N^{2k\ell} \ .$$

Der Drehfaktor $w_N^2 = w_{N/2}$ beziehungsweise $w_N^{2k\ell} = w_{N/2}^{k\ell}$ führt auf·

$$X'(\ell) = X(2\ell) = \sum_{k=0}^{N/2-1} \left[x(k) + x(k + N/2) \right] \cdot w_{N/2}^{k\ell}$$

für $0 \leq \ell \leq N/2 - 1$ sowie

$$X''(\ell) = X(2\ell + 1) = \sum_{k=0}^{N/2-1} \left[x(k) - x(k + N/2) \right] \cdot w_N^k \cdot w_{N/2}^{k\ell} \ .$$

Die diskrete FOURIER-Transformation der Länge N kann erneut aufgeteilt werden in zwei diskrete FOURIER-Transformationen der halben Länge $N/2$ gemäß

$$X'(\ell) = \text{DFT} \left\{ x(k) + x(k + N/2) \right\}$$

$$= \sum_{k=0}^{N/2-1} \left[x(k) + x(k + N/2) \right] \cdot w_{N/2}^{k\ell} \ , \tag{6.10}$$

$$X''(\ell) = \text{DFT} \left\{ \left[x(k) - x(k + N/2) \right] \cdot w_N^k \right\}$$

$$= \sum_{k=0}^{N/2-1} \left[x(k) - x(k + N/2) \right] \cdot w_N^k \cdot w_{N/2}^{k\ell} \tag{6.11}$$

mit den dezimierten Spektralfolgen

$$X(2\ell) = X'(\ell) \ ,$$
$$X(2\ell + 1) = X''(\ell) \ .$$

Die beiden diskreten FOURIER-Transformationen der halben Länge $N/2$ werden angewendet auf die addierte Signalfolge

$$\left\{ x(k) + x(k + N/2) \right\}_{0 \leq k \leq N/2-1}$$

sowie die subtrahierte und mit einem Drehfaktor w_N^k multiplizierte Signalfolge

$$\left\{ \left[x(k) - x(k + N/2) \right] \cdot w_N^k \right\}_{0 \leq k \leq N/2-1} \ .$$

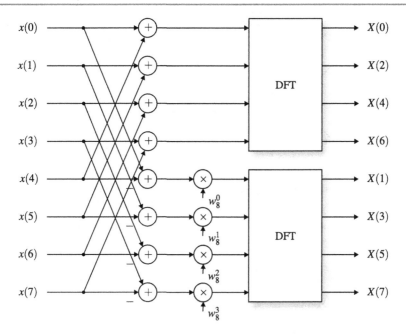

Abb. 6.7 Diskrete FOURIER-Transformation der Länge $N = 8$ mit Dezimation im Spektralbereich

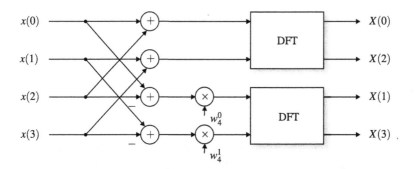

Abb. 6.8 Diskrete FOURIER-Transformation der Länge $N = 4$ mit Dezimation im Spektralbereich

Die Abb. 6.7 und 6.8 zeigen die Signalflussgrafen für die diskreten FOURIER-Transformationen der Länge $N = 8$ und der Länge $N = 4$ für die Dezimation im Spektralbereich jeweils mit der Aufteilung in zwei diskrete FOURIER-Transformationen der halben Länge $N/2 = 4$ und $N/2 = 2$. Nach wiederholter Aufteilung der diskreten FOURIER-Transformation der Länge $N/2$ werden die in Abb. 6.9 und in Abb. 6.10 veranschaulichten Signalflussgrafen für die schnellen FOURIER-Transformationen der Länge $N = 4$ und der Länge $N = 8$ für die Dezimation im Spektralbereich einschließlich der Umordnung der Indizes (*Bit Reversal*) der finiten Spektralfolge $\{X(\ell)\}_{0 \le \ell \le N-1}$ erhalten.

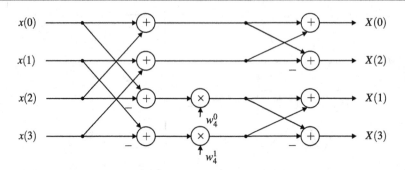

Abb. 6.9 Schnelle Fourier-Transformation der Länge $N = 4$ mit Dezimation im Spektralbereich

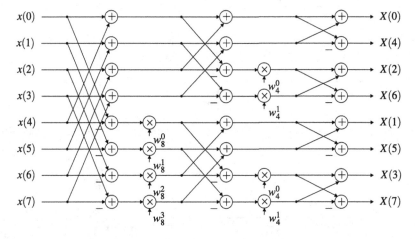

Abb. 6.10 Schnelle Fourier-Transformation der Länge $N = 8$ mit Dezimation im Spektralbereich

Bei einem Dezimationsschritt im Spektralbereich kann die Berechnung einer diskreten Fourier-Transformation der Länge N erneut auf die Berechnung zweier diskreter Fourier-Transformationen der Länge $N/2$ zurückgeführt werden. Jede dieser diskreten Fourier-Transformationen mit der halben Länge erfordern jeweils einen Berechnungsaufwand von $(N/2)^2 - N/2$ komplexen Additionen und $(N/2)^2$ komplexen Multiplikationen. Hinzu kommen die Additionen für die Überlagerung der finiten Signalfolgen der halben Länge $N/2$ sowie die Multiplikation mit dem Drehfaktor w_N^k im Fall der zweiten Signalfolge. Der gesamte Berechnungsaufwand beträgt daher

$$2 \cdot \left[\left(\frac{N}{2} \right)^2 - \frac{N}{2} \right] + 2 \cdot \frac{N}{2} = \frac{N^2}{2} \qquad \text{komplexe Additionen,}$$

$$2 \cdot \left(\frac{N}{2} \right)^2 + \frac{N}{2} = \frac{N(N+1)}{2} \qquad \text{komplexe Multiplikationen}$$

anstelle von $N^2 - N$ komplexen Additionen und N^2 komplexen Multiplikationen für die direkte Berechnung der diskreten FOURIER-Transformation der Länge N. Der Berechnungsaufwand im Fall der Dezimation im Spektralbereich ergibt denselben Berechnungsaufwand wie im Fall der Dezimation im Originalbereich.

6.3   Berechnungskomplexität

Zur Herleitung der gesamten Berechnungskomplexität für den resultierenden schnellen FOURIER-Transformations-Algorithmus setzen wir voraus, dass nach dem v-ten der insgesamt $n = \log_2(N)$ möglichen Dezimationsschritte A_v komplexe Additionen und M_v komplexe Multiplikationen erforderlich sind [18]. Damit gilt

$$A_v = 2 \cdot A_{v-1} + 2^v \, ,$$
$$M_v = 2 \cdot M_{v-1} + 2^{v-1}$$

für $2 \leq v \leq n$ mit den Anfangsbedingungen $A_1 = 2$ und $M_1 = 1$ für die diskrete FOURIER-Transformation der Länge 2. Hierbei wird die eigentlich nicht erforderliche Multiplikation mit dem Drehfaktor $w_2 = -1$ berücksichtigt. Wie durch Einsetzen leicht nachgeprüft werden kann, ergeben sich nach dem v-ten Dezimationsschritt

$$A_v = v \cdot 2^v$$

komplexe Additionen und

$$M_v = \frac{1}{2} v \cdot 2^v$$

Abb. 6.11 Anzahl der komplexen Additionen A_n und der komplexen Multiplikationen M_n in Abhängigkeit der Länge $N = 2^n$ für die schnelle FOURIER-Transformation FFT und für die direkte Berechnung der diskreten FOURIER-Transformation DFT

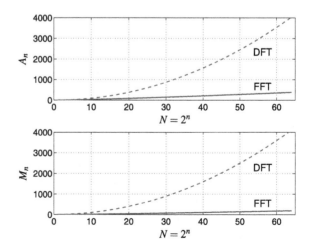

komplexe Multiplikationen. Für eine schnelle FOURIER-Transformation der Länge $N = 2^n$ ergibt sich mit $v = n = \log_2(N)$ daher die folgende Berechnungskomplexität gemäß

$$A_n = n \cdot 2^n = N \cdot \log_2(N) \qquad (6.12)$$

komplexen Additionen und

$$M_n = \frac{n}{2} \cdot 2^n = \frac{N}{2} \cdot \log_2(N) \qquad (6.13)$$

komplexen Multiplikationen. Durch die $n = \log_2(N)$-mal durchgeführten Dezimations-schritte reduziert sich die Berechnungskomplexität von $\mathcal{O}(N^2)$ für die direkte Berechnung der diskreten FOURIER-Transformation auf $\mathcal{O}(N \cdot \log_2(N))$ für die schnelle FOURIER-Transformation, wie in Abb. 6.11 dargestellt ist.

Schnelle Faltung

In der *Systemtheorie* stellt die Faltung eine wichtige Operation für so genannte lineare zeitinvariante Systeme dar. Aus diesem Grund wenden wir uns in diesem Kapitel zunächst
der Systemtheorie zu, bevor wir als praktische Anwendung die Verwendung der diskreten FOURIER-Transformation für die aufwandsgünstige Berechnung des Ausgangssignals
eines diskreten linearen zeitinvarianten Systems mit Hilfe der *schnellen Faltung* behandeln [14, 21, 23, 25].

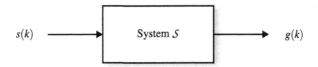

Abb. 7.1 Diskretes System S mit der diskreten Eingangsfolge $\{s(k)\}_{-\infty<k<\infty}$ und der diskreten
Ausgangsfolge $\{g(k)\}_{-\infty<k<\infty}$

Abbildung 7.1 veranschaulicht die Wirkungsweise eines diskreten Systems S mit der
unendlich ausgedehnten diskreten Eingangsfolge $\{s(k)\}_{-\infty<k<\infty}$ definiert über der Indexmenge $\mathbb{Z}$ der ganzen Zahlen. Am Ausgang des Systems S wird die unendlich ausgedehnte
diskrete Ausgangsfolge $\{g(k)\}_{-\infty<k<\infty}$ ausgegeben. Die diskrete Ausgangsfolge wird entsprechend der durch das System S vorgegebenen Berechnungsvorschrift aus der diskreten
Eingangsfolge erhalten gemäß

$$g(k) = S\{s(k)\} \ .$$

7.1 Lineare zeitinvariante Systeme

In der praktischen Anwendung spielen *lineare zeitinvariante Systeme* (*LZI* – *linear zeitinva-
riant*) eine wichtige Rolle. Ein solches LZI-System S zeichnet sich durch die Eigenschaften

A. Neubauer, *DFT – Diskrete Fourier-Transformation*, DOI 10.1007/978-3-8348-1997-0_7,   137
© Vieweg+Teubner Verlag | Springer Fachmedien Wiesbaden 2012

Abb. 7.2 Diskrete Impulsfolge
$\{\delta(k)\}_{-\infty < k < \infty}$

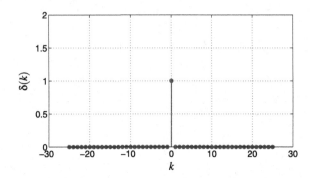

der *Linearität* und der *Zeitinvarianz* aus. Für ein LZI-System S gilt das Superpositionsgesetz gemäß

$$S\{a_1 \cdot s_1(k) + a_2 \cdot s_2(k)\} = a_1 \cdot S\{s_1(k)\} + a_2 \cdot S\{s_2(k)\}$$

beziehungsweise mit $g_1(k) = S\{s_1(k)\}$ und $g_2(k) = S\{s_2(k)\}$

$$S\{a_1 \cdot s_1(k) + a_2 \cdot s_2(k)\} = a_1 \cdot g_1(k) + a_2 \cdot g_2(k) \ .$$

Die *Zeitinvarianz* beschreibt das Verhalten eines LZI-Systems S, welches auf eine um den Versatz κ verschobene diskrete Eingangsfolge $s(k - \kappa)$ mit der ebenfalls um den Versatz κ verschobenen diskreten Ausgangsfolge $g(k - \kappa)$ reagiert. Das heißt es gilt für ein zeitinvariantes diskretes System

$$S\{s(k - \kappa)\} = g(k - \kappa) \ .$$

Mit Hilfe der auf der Indexmenge $\mathbb{Z}$ der ganzen Zahlen definierten diskreten *Impulsfolge* (siehe Abb. 7.2)

$$\delta(k) = \begin{cases} 1, & k = 0 \\ 0, & k \neq 0 \end{cases} \tag{7.1}$$

kann die diskrete Eingangsfolge formuliert werden als eine Superposition gewichteter und verschobener diskreter Impulsfolgen.

$$s(k) = \ldots + s(-1) \cdot \delta(k+1) + s(0) \cdot \delta(k) + s(1) \cdot \delta(k-1) + \ldots$$

$$= \sum_{\kappa=-\infty}^{\infty} s(\kappa) \cdot \delta(k - \kappa)$$

Für ein LZI-System S ergibt sich mit Hilfe des Superpositionsgesetzes die zugehörige diskrete Ausgangsfolge aus der Beziehung

$$g(k) = S\{s(k)\}$$

$$= S\{\ldots + s(-1) \cdot \delta(k+1) + s(0) \cdot \delta(k) + s(1) \cdot \delta(k-1) + \ldots\}$$

$$= \ldots + s(-1) \cdot S\{\delta(k+1)\} + s(0) \cdot S\{\delta(k)\} + s(1) \cdot S\{\delta(k-1)\} + \ldots \ .$$

Die Antwort des LZI-Systems $\mathcal{S}$ auf die diskrete Impulsfolge $\{\delta(k)\}_{-\infty<k<\infty}$ am Eingang wird diskrete *Impulsantwort* $\{h(k)\}_{-\infty<k<\infty}$ genannt; sie ist folgendermaßen definiert

$$h(k) = \mathcal{S}\{\delta(k)\} \quad . \tag{7.2}$$

Aufgrund der Zeitinvarianz gilt für das LZI-System $\mathcal{S}$ zudem

$$\mathcal{S}\{\delta(k-\kappa)\} = h(k-\kappa)$$

und damit

$$\begin{aligned}
g(k) &= \ldots + s(-1) \cdot \mathcal{S}\{\delta(k+1)\} + s(0) \cdot \mathcal{S}\{\delta(k)\} + s(1) \cdot \mathcal{S}\{\delta(k-1)\} + \ldots \\
&= \ldots + s(-1) \cdot h(k+1) + s(0) \cdot h(k) + s(1) \cdot h(k-1) + \ldots \\
&= \sum_{\kappa=-\infty}^{\infty} s(\kappa) \cdot h(k-\kappa) \quad .
\end{aligned}$$

Hinsichtlich der Beziehung zwischen der diskreten Eingangsfolge $\{s(k)\}_{-\infty<k<\infty}$ und der diskreten Ausgangsfolge $\{g(k)\}_{-\infty<k<\infty}$ wird das Verhalten eines LZI-Systems $\mathcal{S}$ vollständig durch die diskrete Impulsantwort $\{h(k)\}_{-\infty<k<\infty}$ beschrieben. Die zugehörige Berechnungsvorschrift

$$g(k) = \sum_{\kappa=-\infty}^{\infty} s(\kappa) \cdot h(k-\kappa) = s(k) \star h(k) \tag{7.3}$$

entspricht der so genannten *aperiodischen Faltung* zweier unendlich ausgedehnter diskreter Signalfolgen im Gegensatz zur periodischen Faltung, die für finite Signalfolgen definiert ist. Man sagt, die diskrete Eingangsfolge wird durch das LZI-System „gefiltert". Ein solches LZI-System wird daher auch als *Filter* bezeichnet. Abbildung 7.3 veranschaulicht das LZI-System $\mathcal{S}$ mit der diskreten Eingangsfolge $\{s(k)\}_{-\infty<k<\infty}$, der diskreten Impulsantwort $\{h(k)\}_{-\infty<k<\infty}$ und der diskreten Ausgangsfolge $\{g(k)\}_{-\infty<k<\infty}$. Diese diskreten Signalfolgen sind in Abb. 7.4 beispielhaft dargestellt.

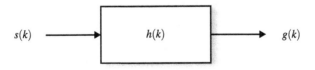

Abb. 7.3 LZI-System mit der diskreten Eingangsfolge $\{s(k)\}_{-\infty<k<\infty}$, der diskreten Impulsantwort $\{h(k)\}_{-\infty<k<\infty}$ und der diskreten Ausgangsfolge $\{g(k)\}_{-\infty<k<\infty}$

Abb. 7.4 Diskrete Eingangsfolge $\{s(k)\}_{-\infty<k<\infty}$, diskrete
Impulsantwort $\{h(k)\}_{-\infty<k<\infty}$
und diskrete Ausgangsfolge
$\{g(k)\}_{-\infty<k<\infty}$ eines LZI-Systems

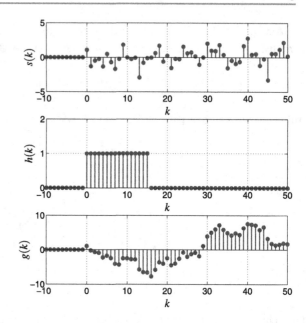

7.2 Aperiodische und periodische Faltung

Neben der für finite Signalfolgen $\{x(k)\}_{0\leq k\leq N-1}$, $\{y(k)\}_{0\leq k\leq N-1}$ und $\{z(k)\}_{0\leq k\leq N-1}$ gel-
tenden *periodischen Faltung*

$$z(k) = x(k) \star y(k) = \sum_{\kappa=0}^{N-1} x(\kappa) \cdot y(k-\kappa) = \sum_{\kappa=0}^{N-1} x(\kappa) \cdot y(k - \kappa \bmod N) \qquad (7.4)$$

wird die *aperiodische Faltung*

$$\bar{z}(k) = \bar{x}(k) \star \bar{y}(k) = \sum_{\kappa=-\infty}^{\infty} \bar{x}(\kappa) \cdot \bar{y}(k-\kappa) \qquad (7.5)$$

für diskrete LZI-Systeme definiert. Zur einfacheren Unterscheidung zwischen der periodischen Faltung und der aperiodischen Faltung kennzeichnen wir die für $k \in \mathbb{Z}$ definierten
diskreten Signalfolgen $\{\bar{x}(k)\}_{-\infty<k<\infty}$, $\{\bar{y}(k)\}_{-\infty<k<\infty}$ und $\{\bar{z}(k)\}_{-\infty<k<\infty}$ mit einem
Überstrich. Die aus der aperiodischen Faltung $\bar{z}(k) = \bar{x}(k) \star \bar{y}(k)$ resultierende diskre-
te Signalfolge wird erneut als *Faltungsprodukt* bezeichnet. Die aperiodische Faltung ist wie
die periodische Faltung *kommutativ*, *assoziativ* und *distributiv* bezüglich der Addition, das

heißt es gilt

$$\text{Kommutativität}\quad \bar{x}(k) \star \bar{y}(k) = \bar{y}(k) \star \bar{x}(k)\ ,$$

$$\text{Assoziativität}\quad \big(\bar{x}(k) \star \bar{y}(k)\big) \star \bar{z}(k) = \bar{x}(k) \star \big(\bar{y}(k) \star \bar{z}(k)\big)\ ,$$

$$\text{Distributivität}\quad \big(\bar{x}(k) + \bar{y}(k)\big) \star \bar{z}(k) = \bar{x}(k) \star \bar{z}(k) + \bar{y}(k) \star \bar{z}(k)\ .$$

Eine *kausale diskrete Signalfolge* $\{\bar{x}(k)\}_{-\infty<k<\infty}$ ist definiert durch die Eigenschaft

$$\bar{x}(k) = 0 \quad \text{für} \quad k < 0\ .$$

Ist auch die diskrete Signalfolge $\{\bar{y}(k)\}_{-\infty<k<\infty}$ kausal, so gilt für die aperiodische Faltung

$$\bar{z}(k) = \bar{x}(k) \star \bar{y}(k)$$

$$= \sum_{\kappa=0}^{k} \bar{x}(\kappa) \cdot \bar{y}(k - \kappa)$$

$$= \bar{x}(0) \cdot \bar{y}(k) + \bar{x}(1) \cdot \bar{y}(k-1) + \ldots + \bar{x}(k-1) \cdot \bar{y}(1) + \bar{x}(k) \cdot \bar{y}(0)\ .$$

Sind die kausalen diskreten Signalfolgen $\{\bar{x}(k)\}_{-\infty<k<\infty}$ und $\{\bar{y}(k)\}_{-\infty<k<\infty}$ des Weiteren begrenzt auf die Breiten L_x und L_y gemäß

$$\bar{x}(k) = 0 \quad \text{für} \quad k < 0 \quad \text{oder} \quad k \geq L_x\ ,$$

$$\bar{y}(k) = 0 \quad \text{für} \quad k < 0 \quad \text{oder} \quad k \geq L_y\ ,$$

so ist auch das Faltungsprodukt $\bar{z}(k) = \bar{x}(k) \star \bar{y}(k)$ begrenzt auf die Breite

$$L_z = L_x + L_y - 1 \tag{7.6}$$

gemäß

$$\bar{z}(k) = 0 \quad \text{für} \quad k < 0 \quad \text{oder} \quad k \geq L_z\ .$$

Dies sehen wir leicht, wenn wir $k < 0$ oder $k \geq L_z = L_x + L_y - 1$ in die Formel für die aperiodische Faltung einsetzen, da in diesen Fällen mindestens einer der Faktoren in den Produkten für die aperiodische Faltung gleich Null ist. So gilt beispielsweise für $k = L_z$

$$\bar{z}(L_z) = \bar{x}(0) \cdot \bar{y}(L_z) + \bar{x}(1) \cdot \bar{y}(L_z - 1) + \ldots + \bar{x}(L_z - 1) \cdot \bar{y}(1) + \bar{x}(L_z) \cdot \bar{y}(0)$$

$$= \bar{x}(0) \cdot \bar{y}(L_x + L_y - 1) + \bar{x}(1) \cdot \bar{y}(L_x + L_y - 2) + \ldots + \bar{x}(L_x - 1) \cdot \bar{y}(L_y)$$

$$\quad + \bar{x}(L_x) \cdot \bar{y}(L_y - 1) + \ldots + \bar{x}(L_x + L_y - 2) \cdot \bar{y}(1) + \bar{x}(L_x + L_y - 1) \cdot \bar{y}(0)$$

$$= \bar{x}(0) \cdot 0 + \bar{x}(1) \cdot 0 + \ldots + \bar{x}(L_x - 1) \cdot 0$$

$$\quad + 0 \cdot \bar{y}(L_y - 1) + \ldots + 0 \cdot \bar{y}(1) + 0 \cdot \bar{y}(0)$$

$$= 0\ .$$

Beispiel 7.1

Als Beispiel betrachten wir die aperiodische Faltung der kausalen diskreten Signalfolgen $\{\tilde{x}(k)\}_{-\infty<k<\infty}$ der Breite $L_x = 4$ und $\{\tilde{y}(k)\}_{-\infty<k<\infty}$ der Breite $L_y = 3$. Daraus folgt die Breite des Faltungsprodukts $\tilde{z}(k) = \tilde{x}(k) \star \tilde{y}(k)$ zu $L_z = L_x + L_y - 1 = 4 + 3 - 1 = 6$. Damit gilt

$$\tilde{x}(k) = 0 \quad \text{für} \quad k < 0 \quad \text{oder} \quad k \geq 4 \ ,$$

$$\tilde{y}(k) = 0 \quad \text{für} \quad k < 0 \quad \text{oder} \quad k \geq 3 \ ,$$

$$\tilde{z}(k) = 0 \quad \text{für} \quad k < 0 \quad \text{oder} \quad k \geq 6 \ .$$

Entsprechend der Vorschrift für die aperiodische Faltung

$$\tilde{z}(k) = \tilde{x}(0) \cdot \tilde{y}(k) + \tilde{x}(1) \cdot \tilde{y}(k-1) + \ldots + \tilde{x}(k-1) \cdot \tilde{y}(1) + \tilde{x}(k) \cdot \tilde{y}(0)$$

ergeben sich für das Faltungsprodukt die ausführlichen Beziehungen

$$\tilde{z}(0) = \tilde{x}(0) \cdot \tilde{y}(0) \ ,$$

$$\tilde{z}(1) = \tilde{x}(0) \cdot \tilde{y}(1) + \tilde{x}(1) \cdot \tilde{y}(0) \ ,$$

$$\tilde{z}(2) = \tilde{x}(0) \cdot \tilde{y}(2) + \tilde{x}(1) \cdot \tilde{y}(1) + \tilde{x}(2) \cdot \tilde{y}(0) \ ,$$

$$\tilde{z}(3) = \tilde{x}(0) \cdot \tilde{y}(3) + \tilde{x}(1) \cdot \tilde{y}(2) + \tilde{x}(2) \cdot \tilde{y}(1) + \tilde{x}(3) \cdot \tilde{y}(0)$$

$$= \tilde{x}(0) \cdot 0 + \tilde{x}(1) \cdot \tilde{y}(2) + \tilde{x}(2) \cdot \tilde{y}(1) + \tilde{x}(3) \cdot \tilde{y}(0)$$

$$= \tilde{x}(1) \cdot \tilde{y}(2) + \tilde{x}(2) \cdot \tilde{y}(1) + \tilde{x}(3) \cdot \tilde{y}(0) \ ,$$

$$\tilde{z}(4) = \tilde{x}(0) \cdot \tilde{y}(4) + \tilde{x}(1) \cdot \tilde{y}(3) + \tilde{x}(2) \cdot \tilde{y}(2) + \tilde{x}(3) \cdot \tilde{y}(1) + \tilde{x}(4) \cdot \tilde{y}(0)$$

$$= \tilde{x}(0) \cdot 0 + \tilde{x}(1) \cdot 0 + \tilde{x}(2) \cdot \tilde{y}(2) + \tilde{x}(3) \cdot \tilde{y}(1) + 0 \cdot \tilde{y}(0)$$

$$= \tilde{x}(2) \cdot \tilde{y}(2) + \tilde{x}(3) \cdot \tilde{y}(1) \ ,$$

$$\tilde{z}(5) = \tilde{x}(0) \cdot \tilde{y}(5) + \tilde{x}(1) \cdot \tilde{y}(4) + \tilde{x}(2) \cdot \tilde{y}(3) + \tilde{x}(3) \cdot \tilde{y}(2) + \tilde{x}(4) \cdot \tilde{y}(1)$$

$$\qquad + \tilde{x}(5) \cdot \tilde{y}(0)$$

$$= \tilde{x}(0) \cdot 0 + \tilde{x}(1) \cdot 0 + \tilde{x}(2) \cdot 0 + \tilde{x}(3) \cdot \tilde{y}(2) + 0 \cdot \tilde{y}(1) + 0 \cdot \tilde{y}(0)$$

$$= \tilde{x}(3) \cdot \tilde{y}(2) \ ,$$

$$\tilde{z}(6) = \tilde{x}(0) \cdot \tilde{y}(6) + \tilde{x}(1) \cdot \tilde{y}(5) + \tilde{x}(2) \cdot \tilde{y}(4) + \tilde{x}(3) \cdot \tilde{y}(3) + \tilde{x}(4) \cdot \tilde{y}(2)$$

$$\qquad + \tilde{x}(5) \cdot \tilde{y}(1) + \tilde{x}(6) \cdot \tilde{y}(0)$$

$$= \tilde{x}(0) \cdot 0 + \tilde{x}(1) \cdot 0 + \tilde{x}(2) \cdot 0 + \tilde{x}(3) \cdot 0 + 0 \cdot \tilde{y}(2) + 0 \cdot \tilde{y}(1) + 0 \cdot \tilde{y}(0)$$

$$= 0 \ .$$

◇

Beispiel 7.2

Abbildung 7.5 veranschaulicht als weiteres Beispiel die Berechnung der aperiodischen Faltung zweier diskreter Rechteckfolgen der Breiten $L_x = 7$ und $L_y = 12$. Diese diskreten Rechteckfolgen sind gegeben durch

$$\bar{x}(k) = \begin{cases} 1, & 0 \leq k \leq 6 \\ 0, & \text{sonst} \end{cases}$$

und

$$\bar{y}(k) = \begin{cases} 1, & 0 \leq k \leq 11 \\ 0, & \text{sonst} \end{cases} .$$

Werden für die periodische Faltung die finiten Signalfolgen $\{x(k)\}_{0 \leq k \leq N-1}$ und $\{y(k)\}_{0 \leq k \leq N-1}$ für $0 \leq k \leq N-1$ mit $N = 16$ identisch gewählt entsprechend

$$\bar{x}(k) = \begin{cases} 1, & 0 \leq k \leq 6 \\ 0, & 7 \leq k \leq 15 \end{cases}$$

Abb. 7.5 Aperiodische Faltung der diskreten Signalfolgen $\{\bar{x}(k)\}_{-\infty<k<\infty}$, $\{\bar{y}(k)\}_{-\infty<k<\infty}$ und $\{\bar{z}(k)\}_{-\infty<k<\infty}$ mit dem Faltungsprodukt $\bar{z}(k) = \bar{x}(k) \star \bar{y}(k) = \sum_{\kappa=0}^{k} \bar{x}(\kappa) \cdot \bar{y}(k-\kappa)$

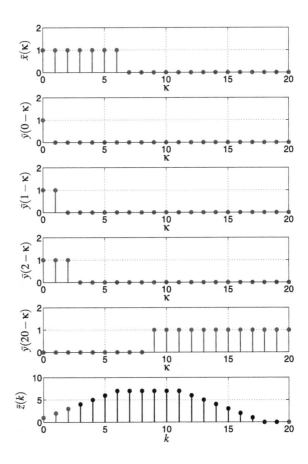

Abb. 7.6 Periodische Faltung der finiten Signalfolgen $\{x(k)\}_{0 \le k \le N-1}$, $\{y(k)\}_{0 \le k \le N-1}$ und $\{z(k)\}_{0 \le k \le N-1}$ mit dem Faltungsprodukt $z(k) = x(k) \star y(k) = \sum_{\kappa=0}^{N-1} x(\kappa) \cdot y(k - \kappa \bmod N)$ für $N = 16$

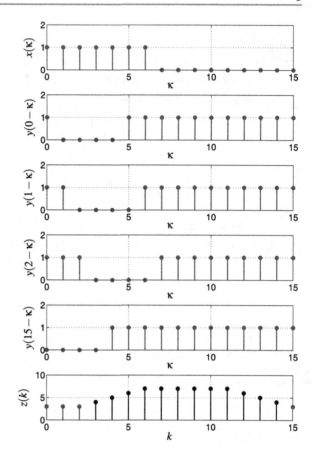

und

$$\bar{y}(k) = \begin{cases} 1, & 0 \le k \le 11 \\ 0, & 12 \le k \le 15 \end{cases},$$

so ergibt sich das in Abb. 7.6 gezeigte Faltungsprodukt $z(k) = x(k) \star y(k)$. Wie der Vergleich des Faltungsprodukts $\bar{z}(k) = \bar{x}(k) \star \bar{y}(k)$ der aperiodischen Faltung mit dem Faltungsprodukt $z(k) = x(k) \star y(k)$ der periodischen Faltung zeigt, weichen die Faltungsprodukte $\bar{z}(k)$ und $z(k)$ voneinander ab.   ◇

Wie in diesem Abschnitt bereits gezeigt besitzt im Fall der aperiodischen Faltung das Faltungsprodukt $\{\bar{z}(k)\}_{-\infty < k < \infty}$ zweier diskreter Signalfolgen $\{\bar{x}(k)\}_{-\infty < k < \infty}$ der Breite L_x und $\{\bar{y}(k)\}_{-\infty < k < \infty}$ der Breite L_y die resultierende Breite $L_z = L_x + L_y - 1$. Um mit Hilfe der periodischen Faltung das Faltungsprodukt der aperiodischen Faltung für die von Null verschiedenen Werte korrekt berechnen zu können, darf die Länge N der finiten Signalfolgen $\{x(k)\}_{0 \le k \le N-1}$, $\{y(k)\}_{0 \le k \le N-1}$ und $\{z(k)\}_{0 \le k \le N-1}$ nicht kleiner als die Breite L_z des

Faltungsprodukts $\{\tilde{z}(k)\}_{-\infty<k<\infty}$ der aperiodischen Faltung sein.

$$N \geq L_z = L_x + L_y - 1 \tag{7.7}$$

Die periodisch zu faltenden finiten Signalfolgen $\{x(k)\}_{0\leq k\leq N-1}$ und $\{y(k)\}_{0\leq k\leq N-1}$ werden aus den beiden diskreten Signalfolgen $\{\tilde{x}(k)\}_{-\infty<k<\infty}$ und $\{\tilde{y}(k)\}_{-\infty<k<\infty}$ der Breiten L_x und L_y durch Anhängen von Nullen gebildet gemäß

$$x(k) = \begin{cases} \tilde{x}(k), & 0 \leq k \leq L_x - 1 \\ 0 & , \quad L_x \leq k \leq N - 1 \end{cases}$$

und

$$y(k) = \begin{cases} \tilde{y}(k), & 0 \leq k \leq L_y - 1 \\ 0 & , \quad L_y \leq k \leq N - 1 \end{cases}.$$

Diese Bildungsvorschrift wird als *Zero Padding* bezeichnet [3, 14]. Aus dem mittels der periodischen Faltung berechneten finiten Faltungsprodukt $\{z(k)\}_{0\leq k\leq N-1}$ wird das Faltungsprodukt $\{\tilde{z}(k)\}_{-\infty<k<\infty}$ der aperiodischen Faltung wie folgt bestimmt.

$$\tilde{z}(k) = \begin{cases} z(k), & 0 \leq k \leq L_z - 1 \\ 0 & , \quad \text{sonst} \end{cases}$$

Beispiel 7.3

Als Beispiel betrachten wir die Berechnung der aperiodischen Faltung der kausalen diskreten Signalfolgen $\{\tilde{x}(k)\}_{-\infty<k<\infty}$ der Breite $L_x = 4$ und $\{\tilde{y}(k)\}_{-\infty<k<\infty}$ der Breite $L_y = 3$ aus Beispiel 7.1 auf S. 142 mittels der periodischen Faltung. Aufgrund der Breite $L_z = 6$ des Faltungsprodukts $\tilde{z}(k) = \tilde{x}(k) \star \tilde{y}(k)$ wählen wir die Länge $N = 8 \geq 6 = L_z$ für die finiten Signalfolgen $\{x(k)\}_{0\leq k\leq N-1}$, $\{y(k)\}_{0\leq k\leq N-1}$ und $\{z(k)\}_{0\leq k\leq N-1}$. Durch Anfügen von Nullen werden die periodisch zu faltenden finiten Signalfolgen gebildet

$$\begin{aligned} x(0) &= \tilde{x}(0) \ , \\ x(1) &= \tilde{x}(1) \ , \\ x(2) &= \tilde{x}(2) \ , \\ x(3) &= \tilde{x}(3) \ , \\ x(4) &= 0 \ , \\ x(5) &= 0 \ , \\ x(6) &= 0 \ , \\ x(7) &= 0 \end{aligned}$$

und

$$y(0) = \bar{y}(0) \ ,$$
$$y(1) = \bar{y}(1) \ ,$$
$$y(2) = \bar{y}(2) \ ,$$
$$y(3) = 0 \ ,$$
$$y(4) = 0 \ ,$$
$$y(5) = 0 \ ,$$
$$y(6) = 0 \ ,$$
$$y(7) = 0 \ .$$

Aufgrund der Vorschrift für die periodische Faltung

$$z(k) = x(k) \star y(k)$$
$$= \sum_{\kappa=0}^{N-1} x(\kappa) \cdot y(k - \kappa)$$
$$= x(0) \cdot y(k) + x(1) \cdot y(k-1) + \ldots + x(N-1) \cdot y(k - N + 1)$$

erhalten wir mit der N-Periodizität der finiten Signalfolge $\{y(k)\}_{0 \leq k \leq N-1}$ beziehungsweise der *modulo*-Rechnung $y(k - \kappa) = y(k - \kappa \bmod N)$ die ausführlichen Formeln für das Faltungsprodukt $z(k) = x(k) \star y(k)$ der periodischen Faltung gemäß

$$\begin{aligned}
z(0) &= x(0) \cdot y(0) + x(1) \cdot y(-1) + x(2) \cdot y(-2) + x(3) \cdot y(-3) \\
&\quad + x(4) \cdot y(-4) + x(5) \cdot y(-5) + x(6) \cdot y(-6) + x(7) \cdot y(-7) \\
&= x(0) \cdot y(0) + x(1) \cdot y(7) + x(2) \cdot y(6) + x(3) \cdot y(5) \\
&\quad + x(4) \cdot y(4) + x(5) \cdot y(3) + x(6) \cdot y(2) + x(7) \cdot y(1) \\
&= \bar{x}(0) \cdot \bar{y}(0) + \bar{x}(1) \cdot 0 + \bar{x}(2) \cdot 0 + \bar{x}(3) \cdot 0 \\
&\quad + 0 \cdot 0 + 0 \cdot 0 + 0 \cdot \bar{y}(2) + 0 \cdot \bar{y}(1) \\
&= \bar{x}(0) \cdot \bar{y}(0) \\
&= \bar{z}(0) \ ,
\end{aligned}$$

$$\begin{aligned}
z(1) &= x(0) \cdot y(1) + x(1) \cdot y(0) + x(2) \cdot y(-1) + x(3) \cdot y(-2) \\
&\quad + x(4) \cdot y(-3) + x(5) \cdot y(-4) + x(6) \cdot y(-5) + x(7) \cdot y(-6) \\
&= x(0) \cdot y(1) + x(1) \cdot y(0) + x(2) \cdot y(7) + x(3) \cdot y(6) \\
&\quad + x(4) \cdot y(5) + x(5) \cdot y(4) + x(6) \cdot y(3) + x(7) \cdot y(2) \\
&= \bar{x}(0) \cdot \bar{y}(1) + \bar{x}(1) \cdot \bar{y}(0) + \bar{x}(2) \cdot 0 + \bar{x}(3) \cdot 0 \\
&\quad + 0 \cdot 0 + 0 \cdot 0 + 0 \cdot 0 + 0 \cdot \bar{y}(2)
\end{aligned}$$

$$= \bar{x}(0) \cdot \bar{y}(1) + \bar{x}(1) \cdot \bar{y}(0)$$

$$= \bar{z}(1) \ ,$$

$$z(2) = x(0) \cdot y(2) + x(1) \cdot y(1) + x(2) \cdot y(0) + x(3) \cdot y(-1)$$
$$+ x(4) \cdot y(-2) + x(5) \cdot y(-3) + x(6) \cdot y(-4) + x(7) \cdot y(-5)$$
$$= x(0) \cdot y(2) + x(1) \cdot y(1) + x(2) \cdot y(0) + x(3) \cdot y(7)$$
$$+ x(4) \cdot y(6) + x(5) \cdot y(5) + x(6) \cdot y(4) + x(7) \cdot y(3)$$
$$= \bar{x}(0) \cdot \bar{y}(2) + \bar{x}(1) \cdot \bar{y}(1) + \bar{x}(2) \cdot \bar{y}(0) + \bar{x}(3) \cdot 0$$
$$+ 0 \cdot 0 + 0 \cdot 0 + 0 \cdot 0 + 0 \cdot 0$$
$$= \bar{x}(0) \cdot \bar{y}(2) + \bar{x}(1) \cdot \bar{y}(1) + \bar{x}(2) \cdot \bar{y}(0)$$
$$= \bar{z}(2) \ ,$$

$$z(3) = x(0) \cdot y(3) + x(1) \cdot y(2) + x(2) \cdot y(1) + x(3) \cdot y(0)$$
$$+ x(4) \cdot y(-1) + x(5) \cdot y(-2) + x(6) \cdot y(-3) + x(7) \cdot y(-4)$$
$$= x(0) \cdot y(3) + x(1) \cdot y(2) + x(2) \cdot y(1) + x(3) \cdot y(0)$$
$$+ x(4) \cdot y(7) + x(5) \cdot y(6) + x(6) \cdot y(5) + x(7) \cdot y(4)$$
$$= \bar{x}(0) \cdot 0 + \bar{x}(1) \cdot \bar{y}(2) + \bar{x}(2) \cdot \bar{y}(1) + \bar{x}(3) \cdot \bar{y}(0)$$
$$+ 0 \cdot 0 + 0 \cdot 0 + 0 \cdot 0 + 0 \cdot 0$$
$$= \bar{x}(1) \cdot \bar{y}(2) + \bar{x}(2) \cdot \bar{y}(1) + \bar{x}(3) \cdot \bar{y}(0)$$
$$= \bar{z}(3) \ ,$$

$$z(4) = x(0) \cdot y(4) + x(1) \cdot y(3) + x(2) \cdot y(2) + x(3) \cdot y(1)$$
$$+ x(4) \cdot y(0) + x(5) \cdot y(-1) + x(6) \cdot y(-2) + x(7) \cdot y(-3)$$
$$= x(0) \cdot y(4) + x(1) \cdot y(3) + x(2) \cdot y(2) + x(3) \cdot y(1)$$
$$+ x(4) \cdot y(0) + x(5) \cdot y(7) + x(6) \cdot y(6) + x(7) \cdot y(5)$$
$$= \bar{x}(0) \cdot 0 + \bar{x}(1) \cdot 0 + \bar{x}(2) \cdot \bar{y}(2) + \bar{x}(3) \cdot \bar{y}(1)$$
$$+ 0 \cdot \bar{y}(0) + 0 \cdot 0 + 0 \cdot 0 + 0 \cdot 0$$
$$= \bar{x}(2) \cdot \bar{y}(2) + \bar{x}(3) \cdot \bar{y}(1)$$
$$= \bar{z}(4) \ ,$$

$$z(5) = x(0) \cdot y(5) + x(1) \cdot y(4) + x(2) \cdot y(3) + x(3) \cdot y(2)$$
$$+ x(4) \cdot y(1) + x(5) \cdot y(0) + x(6) \cdot y(-1) + x(7) \cdot y(-2)$$
$$= x(0) \cdot y(5) + x(1) \cdot y(4) + x(2) \cdot y(3) + x(3) \cdot y(2)$$
$$+ x(4) \cdot y(1) + x(5) \cdot y(0) + x(6) \cdot y(7) + x(7) \cdot y(6)$$

$$= \bar{x}(0) \cdot 0 + \bar{x}(1) \cdot 0 + \bar{x}(2) \cdot 0 + \bar{x}(3) \cdot \bar{y}(2)$$
$$\quad + 0 \cdot \bar{y}(1) + 0 \cdot \bar{y}(0) + 0 \cdot 0 + 0 \cdot 0$$
$$= \bar{x}(3) \cdot \bar{y}(2)$$
$$= \bar{z}(5) \ ,$$

$$z(6) = x(0) \cdot y(6) + x(1) \cdot y(5) + x(2) \cdot y(4) + x(3) \cdot y(3)$$
$$\quad + x(4) \cdot y(2) + x(5) \cdot y(1) + x(6) \cdot y(0) + x(7) \cdot y(-1)$$
$$= x(0) \cdot y(6) + x(1) \cdot y(5) + x(2) \cdot y(4) + x(3) \cdot y(3)$$
$$\quad + x(4) \cdot y(2) + x(5) \cdot y(1) + x(6) \cdot y(0) + x(7) \cdot y(7)$$
$$= \bar{x}(0) \cdot 0 + \bar{x}(1) \cdot 0 + \bar{x}(2) \cdot 0 + \bar{x}(3) \cdot 0$$
$$\quad + 0 \cdot \bar{y}(2) + 0 \cdot \bar{y}(1) + 0 \cdot \bar{y}(0) + 0 \cdot 0$$
$$= 0$$
$$= \bar{z}(6) \ ,$$

$$z(7) = x(0) \cdot y(7) + x(1) \cdot y(6) + x(2) \cdot y(5) + x(3) \cdot y(4)$$
$$\quad + x(4) \cdot y(3) + x(5) \cdot y(2) + x(6) \cdot y(1) + x(7) \cdot y(0)$$
$$= \bar{x}(0) \cdot 0 + \bar{x}(1) \cdot 0 + \bar{x}(2) \cdot 0 + \bar{x}(3) \cdot 0$$
$$\quad + 0 \cdot 0 + 0 \cdot \bar{y}(2) + 0 \cdot \bar{y}(1) + 0 \cdot \bar{y}(0)$$
$$= 0$$
$$= \bar{z}(7) \ .$$

Insgesamt ergibt sich damit das Faltungsprodukt $\bar{z}(k)$ der entsprechenden aperiodischen Faltung durch Übernahme der berechneten Werte des Faltungsprodukts $z(k)$ der periodischen Faltung für $0 \leq k \leq N - 1 = 7$ gemäß

$$\bar{z}(0) = z(0) = \bar{x}(0) \cdot \bar{y}(0) \ ,$$
$$\bar{z}(1) = z(1) = \bar{x}(0) \cdot \bar{y}(1) + \bar{x}(1) \cdot \bar{y}(0) \ ,$$
$$\bar{z}(2) = z(2) = \bar{x}(0) \cdot \bar{y}(2) + \bar{x}(1) \cdot \bar{y}(1) + \bar{x}(2) \cdot \bar{y}(0) \ ,$$
$$\bar{z}(3) = z(3) = \bar{x}(1) \cdot \bar{y}(2) + \bar{x}(2) \cdot \bar{y}(1) + \bar{x}(3) \cdot \bar{y}(0) \ ,$$
$$\bar{z}(4) = z(4) = \bar{x}(2) \cdot \bar{y}(2) + \bar{x}(3) \cdot \bar{y}(1) \ ,$$
$$\bar{z}(5) = z(5) = \bar{x}(3) \cdot \bar{y}(2) \ ,$$
$$\bar{z}(6) = z(6) = 0 \ ,$$
$$\bar{z}(7) = z(7) = 0 \ .$$

Die restlichen Werte des Faltungsprodukts $\bar{z}(k)$ für $k < 0$ und $k \geq N = 8$ werden zu Null gesetzt.   ◇

Abb. 7.7 Periodische Faltung der finiten Signalfolgen $\{x(k)\}_{0\leq k\leq N-1}$, $\{y(k)\}_{0\leq k\leq N-1}$ und $\{z(k)\}_{0\leq k\leq N-1}$ mit dem Faltungsprodukt $z(k) = x(k) \star y(k) = \sum_{\kappa=0}^{N-1} x(\kappa) \cdot y(k-\kappa \bmod N)$ für $N = 21$ nach *Zero Padding*

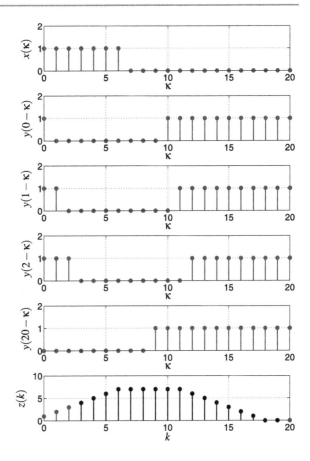

Mit Hilfe der periodischen Faltung kann somit durch Anfügen einer geeigneten Anzahl von Nullen an die finiten Signalfolgen (*Zero Padding*) die aperiodische Faltung berechnet werden, wie in Abb. 7.7 für die periodische Faltung $z(k) = x(k) \star y(k)$ aus Beispiel 7.2 auf S. 143 veranschaulicht wird. Im folgenden Abschn. 7.3 werden wir zeigen, dass die Verwendung der periodischen Faltung unter Ausnutzung der Faltungseigenschaft der diskreten FOURIER-Transformation eine aufwandsgünstige Berechnung der aperiodischen Faltung mittels der *schnellen Faltung* ermöglicht.

7.3 Schnelle Faltung mit der FFT

Die periodische Faltung der finiten Signalfolgen $\{x(k)\}_{0\leq k\leq N-1}$ und $\{y(k)\}_{0\leq k\leq N-1}$ der Länge N im Originalbereich

$$z(k) = x(k) \star y(k) = \sum_{\kappa=0}^{N-1} x(\kappa) \cdot y(k-\kappa) = \sum_{\kappa=0}^{N-1} x(\kappa) \cdot y(k-\kappa \bmod N)$$

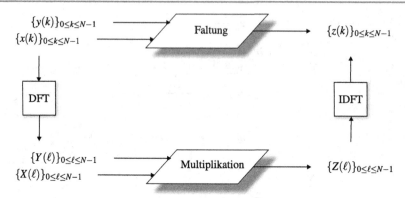

Abb. 7.8 Schnelle Faltung mit der diskreten FOURIER-Transformation

mit $0 \leq k \leq N-1$ kann mit Hilfe der diskreten FOURIER-Transformation durch Multiplikation der finiten Spektralfolgen $\{X(\ell)\}_{0 \leq \ell \leq N-1}$ und $\{Y(\ell)\}_{0 \leq \ell \leq N-1}$ im Spektralbereich durchgeführt werden. Mit $X(\ell) = \mathrm{DFT}\{x(k)\}$, $Y(\ell) = \mathrm{DFT}\{y(k)\}$ und $Z(\ell) = \mathrm{DFT}\{z(k)\}$ erhalten wir [3, 14, 18]

$$Z(\ell) = X(\ell) \cdot Y(\ell)$$

für $0 \leq \ell \leq N-1$. Für das Faltungsprodukt der periodischen Faltung gilt

$$z(k) = \mathrm{IDFT}\{Z(\ell)\} = \mathrm{IDFT}\{X(\ell) \cdot Y(\ell)\} = \mathrm{IDFT}\{\mathrm{DFT}\{x(k)\} \cdot \mathrm{DFT}\{y(k)\}\}$$

beziehungsweise zusammengefasst (siehe Abb. 7.8)

$$z(k) = \mathrm{IDFT}\{\mathrm{DFT}\{x(k)\} \cdot \mathrm{DFT}\{y(k)\}\} \ . \tag{7.8}$$

Unter Verwendung der schnellen FOURIER-Transformation FFT kann die periodische Faltung mit geringerem Aufwand berechnet werden. Wie wir gesehen haben, ist mit Hilfe der periodischen Faltung durch Anfügen einer geeigneten Anzahl von Nullen (*Zero Padding*) auch die aperiodische Faltung effizient berechenbar. Im Folgenden untersuchen wir daher die Berechnungskomplexität für die periodische Faltung sowie die aperiodische Faltung unter Verwendung der schnellen FOURIER-Transformation.

7.3.1 Berechnungskomplexität der periodischen Faltung

Für die schnelle FOURIER-Transformation der Länge N hatten wir $N \cdot \log_2(N)$ komplexe Additionen und $N \cdot \log_2(N)/2$ komplexe Multiplikationen für finite Signalfolgen der Länge N ermittelt. Zur Abschätzung des Berechnungsaufwands für die periodische Faltung gemäß $z(k) = \mathrm{IDFT}\{\mathrm{DFT}\{x(k)\} \cdot \mathrm{DFT}\{y(k)\}\}$ betrachten wir die Berechnungskomplexität hinsichtlich der durchzuführenden komplexen Multiplikationen. Es gilt[1]

$$X(\ell) = \mathrm{DFT}\{x(k)\} \quad : \quad \frac{N}{2} \cdot \log_2(N)$$

$$Y(\ell) = \mathrm{DFT}\{y(k)\} \quad : \quad \frac{N}{2} \cdot \log_2(N)$$

$$Z(\ell) = X(\ell) \cdot Y(\ell) \quad : \quad N$$

$$z(\ell) = \mathrm{IDFT}\{Z(\ell)\} \quad : \quad \frac{N}{2} \cdot \log_2(N)$$

und somit insgesamt

$$3 \cdot \frac{N}{2} \cdot \log_2(N) + N = N \cdot \left(\frac{3}{2} \cdot \log_2(N) + 1\right) \tag{7.9}$$

für die Anzahl der zu berechnenden komplexen Multiplikationen.

7.3.2 Berechnungskomplexität der aperiodischen Faltung

Im Rahmen der aperiodischen Faltung gehen wir vereinfacht von kausalen diskreten Signalfolgen $\{\bar{x}(k)\}_{-\infty < k < \infty}$ und $\{\bar{y}(k)\}_{-\infty < k < \infty}$ der gemeinsamen Breiten

$$L_x = L_y = L$$

gemäß

$$\bar{x}(k) = 0 \quad \text{für} \quad k < 0 \quad \text{oder} \quad k \geq L \ ,$$

$$\bar{y}(k) = 0 \quad \text{für} \quad k < 0 \quad \text{oder} \quad k \geq L$$

aus. Das resultierende Faltungsprodukt

$$\bar{z}(k) = \bar{x}(k) \star \bar{y}(k)$$

$$= \sum_{\kappa=0}^{k} \bar{x}(\kappa) \cdot \bar{y}(k - \kappa)$$

$$= \bar{x}(0) \cdot \bar{y}(k) + \bar{x}(1) \cdot \bar{y}(k-1) + \ldots + \bar{x}(k-1) \cdot \bar{y}(1) + \bar{x}(k) \cdot \bar{y}(0)$$

besitzt damit die Breite

$$L_z = L_x + L_y - 1 = 2L - 1$$

---

[1] In dieser Abschätzung wird die Division durch N bei der inversen diskreten FOURIER-Transformation IDFT vernachlässigt.

gemäß

$$\tilde{z}(k) = 0 \quad \text{für} \quad k < 0 \quad \text{oder} \quad k \geq 2L - 1 \ .$$

Die Werte des Faltungsprodukts bestimmen sich für $0 \leq k \leq 2L - 2$ aus den folgenden Formelgleichungen

$$\tilde{z}(0) = \tilde{x}(0) \cdot \tilde{y}(0) \ ,$$
$$\tilde{z}(1) = \tilde{x}(0) \cdot \tilde{y}(1) + \tilde{x}(1) \cdot \tilde{y}(0) \ ,$$
$$\vdots$$
$$\tilde{z}(L - 2) = \tilde{x}(0) \cdot \tilde{y}(L - 2) + \tilde{x}(1) \cdot \tilde{y}(L - 3) + \ldots + \tilde{x}(L - 2) \cdot \tilde{y}(0) \ ,$$
$$\tilde{z}(L - 1) = \tilde{x}(0) \cdot \tilde{y}(L - 1) + \tilde{x}(1) \cdot \tilde{y}(L - 2) + \ldots + \tilde{x}(L - 1) \cdot \tilde{y}(0) \ ,$$
$$\tilde{z}(L) = \tilde{x}(1) \cdot \tilde{y}(L - 1) + \tilde{x}(2) \cdot \tilde{y}(L - 2) + \ldots + \tilde{x}(L - 1) \cdot \tilde{y}(1) \ ,$$
$$\vdots$$
$$\tilde{z}(2L - 3) = \tilde{x}(L - 2) \cdot \tilde{y}(L - 1) + \tilde{x}(L - 1) \cdot \tilde{y}(L - 2) \ ,$$
$$\tilde{z}(2L - 2) = \tilde{x}(L - 1) \cdot \tilde{y}(L - 1) \ .$$

Die Anzahl der durchzuführenden komplexen Multiplikationen ergibt sich somit aus

$$1 + 2 + \ldots + (L - 1) + L + (L - 1) + \ldots + 2 + 1$$
$$= L + 2 \sum_{v=1}^{L-1} v = L + 2 \frac{L(L - 1)}{2} = L + L(L - 1) = L^2 \ . \tag{7.10}$$

Im Folgenden vergleichen wir die Berechnungskomplexitäten der periodischen und der aperiodischen Faltung für den Fall der gemeinsamen Breiten $L_x = L_y = L$ der diskreten Signalfolgen sowie der resultierenden Breite $L_z = L_x + L_y - 1 = 2L - 1$ des Faltungsprodukts. Für die Länge N der finiten Signalfolgen $\{x(k)\}_{0 \leq k \leq N-1}$, $\{y(k)\}_{0 \leq k \leq N-1}$ und $\{z(k)\}_{0 \leq k \leq N-1}$ wählen wir

$$N = L_z = 2L - 1 \ .$$

Daraus folgen für die periodische Faltung unter Verwendung der schnellen FOURIER-Transformation insgesamt

$$N \cdot \left(\frac{3}{2} \cdot \log_2(N) + 1 \right) = (2L - 1) \cdot \left(\frac{3}{2} \cdot \log_2(2L - 1) + 1 \right)$$

komplexe Multiplikationen, während im Fall der aperiodischen Faltung

$$L^2$$

Abb. 7.9 Quotient Q_L der
Anzahl der komplexen Multiplikationen

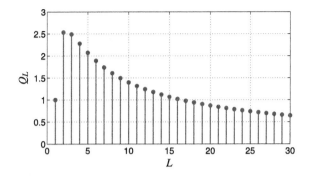

komplexe Multiplikationen auszuführen sind. Der entsprechende Quotient lautet somit

$$Q_L = \frac{(2L-1) \cdot \left(\frac{3}{2} \cdot \log_2(2L-1) + 1\right)}{L^2} \ . \tag{7.11}$$

Für $L \geq 17$ beziehungsweise $N = 2L - 1 \geq 33$ wird der Quotient Q_L kleiner als 1. In diesem Fall ist die Durchführung der aperiodischen Faltung mit Hilfe der schnellen periodischen Faltung unter Verwendung der schnellen FOURIER-Transformation aufwandsgünstiger zu berechnen hinsichtlich der Anzahl der komplexen Multiplikationen als die direkte Berechnung der aperiodischen Faltung, wie Abb. 7.9 zeigt.

7.4 Schnelle FIR-Filter

In der digitalen Signalverarbeitung gehorcht ein *kausales* Filter dem Prinzip „Keine Wirkung vor der Ursache". Die diskrete Impulsantwort $\{h(k)\}_{-\infty < k < \infty}$ besitzt somit von Null verschiedene Werte ausschließlich für $k \geq 0$, das heißt es gilt für ein kausales Filter

$$h(k) = 0 \quad \text{für} \quad k < 0 \ .$$

Ist auch die diskrete Eingangsfolge $\{s(k)\}_{-\infty < k < \infty}$ eine *kausale diskrete Signalfolge* entsprechend

$$s(k) = 0 \quad \text{für} \quad k < 0 \ ,$$

so berechnet sich die diskrete Ausgangsfolge $\{g(k)\}_{-\infty < k < \infty}$ mit $g(k) = s(k) \star h(k)$ unter Ausnutzung der Kommutativität der aperiodischen Faltung mittels der Beziehung

$$\begin{aligned}
g(k) &= h(k) \star s(k) \\
&= \sum_{\kappa=0}^{k} h(\kappa) \cdot s(k - \kappa) \\
&= h(0) \cdot s(k) + h(1) \cdot s(k-1) + \ldots + h(k-1) \cdot s(1) + h(k) \cdot s(0) \ .
\end{aligned}$$

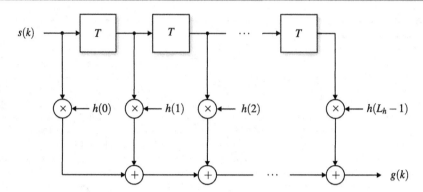

Abb. 7.10 FIR-Filterarchitektur mit der endlichen diskreten Impulsantwort $\{h(k)\}_{0 \leq k \leq L_h-1}$

Besitzt das kausale Filter zudem eine endliche diskrete Impulsantwort der Breite L_h entsprechend

$$h(k) = 0 \quad \text{für} \quad k < 0 \quad \text{oder} \quad k \geq L_h \ ,$$

so gilt für die aperiodische Faltung

$$
\begin{aligned}
g(k) &= h(k) \star s(k) \\
&= \sum_{\kappa=0}^{L_h-1} h(\kappa) \cdot s(k - \kappa) \\
&= h(0) \cdot s(k) + h(1) \cdot s(k-1) + \ldots + h(L_h - 1) \cdot s(k - L_h + 1) \ .
\end{aligned}
$$

Ein solches diskretes Filter mit endlicher diskreter Impulsantwort wird als *FIR-Filter* (FIR – *Finite Impulse Response*) bezeichnet. Abbildung 7.10 veranschaulicht die Architektur eines solchen diskreten FIR-Filters. Hierbei bezeichnet T die Verzögerung der diskreten Eingangsfolge $\{s(k)\}_{-\infty<k<\infty}$ entsprechend der verzögerten diskreten Eingangsfolge $\{s(k-1)\}_{-\infty<k<\infty}$.

Die resultierende diskrete Ausgangsfolge $\{g(k)\}_{-\infty<k<\infty}$ erfordert für jeden Index k die Berechnung der aperiodischen Faltung mit jeweils L_h komplexen Multiplikationen. Die Implementierung des diskreten FIR-Filters kann mittels schneller Faltung realisiert werden, indem die aperiodische Faltung mit Hilfe der periodischen Faltung unter Verwendung der schnellen FOURIER-Transformation mit geringerem Aufwand berechnet wird. Die Breite der diskreten Eingangsfolge $\{s(k)\}_{-\infty<k<\infty}$ ist dabei gegeben durch L_s entsprechend

$$s(k) = 0 \quad \text{für} \quad k < 0 \quad \text{oder} \quad k \geq L_s \ .$$

Die periodische Faltung basiert in diesem Fall auf den beiden finiten Signalfolgen $\{x(k)\}_{0 \leq k \leq N-1}$ und $\{y(k)\}_{0 \leq k \leq N-1}$ der Länge $N = L_s + L_h - 1$ gegeben durch die Zuordnung

$$x(k) = \begin{cases} s(k), & 0 \leq k \leq L_s - 1 \\ 0 &, \quad L_s \leq k \leq N - 1 \end{cases},$$

$$y(k) = \begin{cases} h(k), & 0 \leq k \leq L_h - 1 \\ 0 &, \quad L_h \leq k \leq N - 1 \end{cases}.$$

Die periodische Faltung wird mit Hilfe der diskreten FOURIER-Transformation DFT beziehungsweise mit der schnellen FOURIER-Transformation FFT gemäß der Vorschrift

$$z(k) = \mathrm{IDFT}\left\{\mathrm{DFT}\left\{x(k)\right\} \cdot \mathrm{DFT}\left\{y(k)\right\}\right\}$$

berechnet. Die diskrete Ausgangsfolge $\{g(k)\}_{-\infty < k < \infty}$ besitzt die Breite

$$L_g = L_s + L_h - 1 = N$$

entsprechend

$$g(k) = 0 \quad \text{für} \quad k < 0 \quad \text{oder} \quad k \geq L_g$$

und wird erhalten aus dem Faltungsprodukt der periodischen Faltung gemäß

$$g(k) = \begin{cases} z(k), & 0 \leq k \leq L_g - 1 \\ 0 &, \quad \text{sonst} \end{cases}.$$

Wie der Vergleich der Berechnungskomplexitäten für die periodische und die aperiodische Faltung im Abschn. 7.3 zeigte, ist für hinreichend große Breiten L_s und L_h beziehungsweise für hinreichend große Länge N die aperiodische Faltung mit Hilfe der schnellen periodischen Faltung unter Verwendung der schnellen FOURIER-Transformation häufig aufwandsgünstiger zu berechnen als die direkte Berechnung der aperiodischen Faltung für das FIR-Filter.

7.5 Segmentierte Faltung

In der digitalen Signalverarbeitung werden FIR-Filter häufig für die Filterung einer unendlich ausgedehnten diskreten Eingangsfolge $\{s(k)\}_{-\infty < k < \infty}$ verwendet. Um die schnelle Faltung anwenden zu können, wird die unendlich ausgedehnte diskrete Eingangsfolge in Blöcke der Breite L_s entsprechend Abb. 7.11 aufgeteilt. Es gilt

$$s(k) = \sum_{b=-\infty}^{\infty} s_b(k - bL_s)$$

mit

$$s_b(k - bL_s) = 0 \quad \text{für} \quad k < bL_s \quad \text{oder} \quad k \geq bL_s + L_s$$

Abb. 7.11 Aufteilung der diskreten Eingangsfolge $\{s(k)\}_{-\infty<k<\infty}$ in die Blöcke $s_b(k)$ der Breite L_s

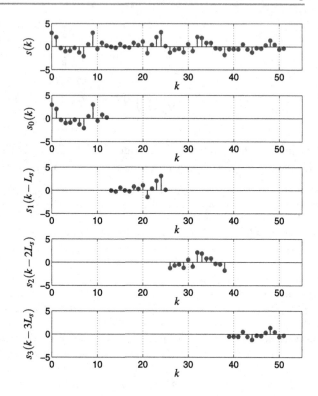

beziehungsweise

$$s_b(k) = 0 \quad \text{für} \quad k < 0 \quad \text{oder} \quad k \geq L_s \ .$$

Die resultierende diskrete Ausgangsfolge $\{g(k)\}_{-\infty<k<\infty}$ des FIR-Filters ergibt sich zu

$$
\begin{aligned}
g(k) &= h(k) \star s(k) \\
&= \sum_{\kappa=0}^{L_h-1} h(\kappa) \cdot s(k-\kappa) \\
&= \sum_{\kappa=0}^{L_h-1} h(\kappa) \cdot \sum_{b=-\infty}^{\infty} s_b(k-\kappa-bL_s) \\
&= \sum_{b=-\infty}^{\infty} \sum_{\kappa=0}^{L_h-1} h(\kappa) \cdot s_b(k-\kappa-bL_s) \ .
\end{aligned}
$$

Wie die diskrete Eingangsfolge wird die unendlich ausgedehnte diskrete Ausgangsfolge in Blöcke aufgeteilt entsprechend

$$g(k) = \sum_{b=-\infty}^{\infty} g_b(k-bL_s)$$

Abb. 7.12 Diskrete Impulsantwort $\{h(k)\}_{-\infty<k<\infty}$ eines
FIR-Filters

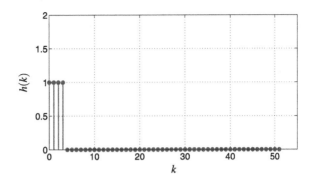

mit

$$g_b(k - bL_s) = \sum_{\kappa=0}^{L_h-1} h(\kappa) \cdot s_b(k - \kappa - bL_s) \ .$$

Nach Ersetzen von $k - bL_s$ durch den Index k folgt hieraus für jeden Block

$$g_b(k) = \sum_{\kappa=0}^{L_h-1} h(\kappa) \cdot s_b(k - \kappa) = h(k) \star s_b(k) \ .$$

Das Faltungsprodukt $g_b(k) = h(k) \star s_b(k)$ der aperiodischen Faltung besitzt die Breite

$$L_g = L_s + L_h - 1$$

gemäß

$$g_b(k) = 0 \quad \text{für} \quad k < 0 \quad \text{oder} \quad k \geq L_g$$

beziehungsweise

$$g_b(k - bL_s) = 0 \quad \text{für} \quad k < bL_s \quad \text{oder} \quad k \geq bL_s + L_g \ .$$

Bei diesem Verfahren der *segmentierten Faltung* wird die unendlich ausgedehnte diskrete Ausgangsfolge $\{g(k)\}_{-\infty<k<\infty}$ durch Überlagerung der ermittelten Blöcke $g_b(k - bL_s)$ berechnet, indem jeweils in den Bereichen $bL_s \leq k \leq bL_s + L_g - 1$ die übereinander liegenden Blöcke addiert werden. Dieses Verfahren wird als *Overlap Add*-Methode bezeichnet [14]. Mit der in Abb. 7.12 beispielhaft gezeigten diskreten Impulsantwort $\{h(k)\}_{-\infty<k<\infty}$ wird in Abb. 7.13 die Aufteilung der diskreten Ausgangsfolge $\{g(k)\}_{-\infty<k<\infty}$ und die Überlagerung der Blöcke $g_b(k)$ veranschaulicht.

Die aperiodische Faltung kann erneut mit Hilfe der periodischen Faltung unter Verwendung der finiten Signalfolgen $\{x_b(k)\}_{0\leq k\leq N-1}$ und $\{y(k)\}_{0\leq k\leq N-1}$ der Länge N durch die

Abb. 7.13 Aufteilung der diskreten Ausgangsfolge $\{g(k)\}_{-\infty < k < \infty}$ in die Blöcke $g_b(k)$ der Breite L_g

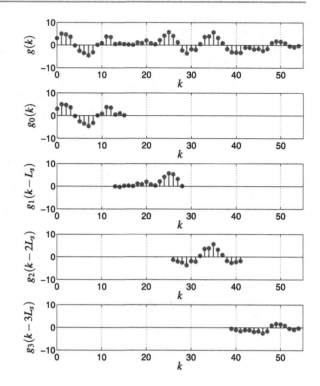

Zuordnung

$$x_b(k) = \begin{cases} s_b(k), & 0 \le k \le L_s - 1 \\ 0 & , \quad L_s \le k \le N - 1 \end{cases},$$

$$y(k) = \begin{cases} h(k), & 0 \le k \le L_h - 1 \\ 0 & , \quad L_h \le k \le N - 1 \end{cases}$$

mit

$$N = L_g = L_s + L_h - 1$$

berechnet werden. Mittels der diskreten FOURIER-Transformation DFT oder der schnellen FOURIER-Transformation FFT wird die finite Signalfolge $\{z_b(k)\}_{0 \le k \le N-1}$ der Länge N mit $z_b(k) = x_b(k) \star y(k)$ gemäß

$$z_b(k) = \text{IDFT} \left\{ \text{DFT} \left\{ x_b(k) \right\} \cdot \text{DFT} \left\{ y(k) \right\} \right\}$$

bestimmt. Der Block $g_b(k)$ der Breite $L_g = N$ wird aus dem Faltungsprodukt $z_b(k) = x_b(k) \star y(k)$ der periodischen Faltung erhalten entsprechend

$$g_b(k) = \begin{cases} z_b(k), & 0 \le k \le L_g - 1 \\ 0 & , \quad \text{sonst} \end{cases} .$$

Die auf diese Weise mit Hilfe der schnellen Faltung berechneten Blöcke $g_b(k)$ werden gemäß der *Overlap Add*-Methode um bL_s verschoben und zu der unendlich ausgedehnten diskreten Ausgangsfolge

$$g(k) = \sum_{b=-\infty}^{\infty} g_b(k - bL_s)$$

überlagert.

Literatur

Die Angabe der Literaturstellen ist im Text der besseren Übersichtlichkeit wegen knapp gehalten. Das folgende Literaturverzeichnis umfasst daher neben den im Text referenzierten Büchern und Artikeln weitere Literaturstellen, die für ein vertiefendes Studium geeignet sind.

1 BELLANGER, M.G.: *Digital Processing of Signals: Theory and Practice*. 2nd Edition, Chichester: John Wiley & Sons, 1989

2 BETH, T.: *Verfahren der schnellen Fourier-Transformation*. Stuttgart: B.G. Teubner Verlag, 1984

3 BRIGHAM, E.O.: *FFT – Schnelle Fourier-Transformation*. 4. Auflage, München: R. Oldenbourg Verlag, 1989

4 BRONSTEIN, I.N.; SEMENDJAJEW, K.A.; MUSIOL, G.; MÜHLIG, H.: *Taschenbuch der Mathematik*. 7. Auflage, Frankfurt am Main: Verlag Harri Deutsch, 2008

5 COOLEY, J.W.; TUKEY, J.W.: *An Algorithm for the Machine Calculation of Complex Fourier Series*. In: *Mathematical of Computation*. Vol. 19, pp. 297-301, 1965

6 DOBLINGER, GERHARD: *MATLAB – Programmierung in der digitalen Signalverarbeitung*. Wilburgstetten: J. Schlembach Fachverlag, 2001

7 DOBLINGER, GERHARD: *Zeitdiskrete Signale und Systeme – Eine Einführung in die grundlegenden Methoden der digitalen Signalverarbeitung*. 2. Auflage, Wilburgstetten: J. Schlembach Fachverlag, 2010

8 FLIEGE, N.: *Multiraten-Signalverarbeitung*. Stuttgart: B.G. Teubner Verlag, 1993

9 FLIEGE, N.; GAIDA, M.: *Signale und Systeme – Grundlagen und Anwendungen mit MATLAB*. Wilburgstetten: J. Schlembach Fachverlag, 2008

10 GÖCKLER, H.G.; GROTH, A.: *Multiratensysteme – Abtastratenumsetzung und digitale Filterbänke*. Wilburgstetten: J. Schlembach Fachverlag, 2004

11 GÖTZ, H.: *Einführung in die digitale Signalverarbeitung*. 3. Auflage, Stuttgart: B.G. Teubner Verlag, 1998

A. Neubauer, *DFT – Diskrete Fourier-Transformation*, DOI 10.1007/978-3-8348-1997-0,
© Vieweg+Teubner Verlag | Springer Fachmedien Wiesbaden 2012

12 Jondral, F.: *Nachrichtensysteme – Grundlagen, Verfahren, Anwendungen.* 4. Auflage, Wilburgstetten: J. Schlembach Fachverlag, 2011

13 Kammeyer, K.D.: *Nachrichtenübertragung.* 5. Auflage, Wiesbaden: Vieweg+Teubner, 2011

14 Kammeyer, K.D.; Kroschel, K.: *Digitale Signalverarbeitung – Filterung und Spektralanalyse mit MATLAB-Übungen.* 7. Auflage, Wiesbaden: Vieweg+Teubner, 2009

15 Kammeyer, K.D.; Kühn, V.: *MATLAB in der Nachrichtentechnik.* Wilburgstetten: J. Schlembach Fachverlag, 2001

16 Marko, H.: *Methoden der Systemtheorie – Die Spektraltransformationen und ihre Anwendungen.* 2. Auflage, Berlin: Springer Verlag, 1986

17 Meyer, M.: *Signalverarbeitung – Analoge und digitale Signale, Systeme und Filter.* 6. Auflage, Wiesbaden: Vieweg+Teubner, 2011

18 Neubauer, A.: *Irreguläre Abtastung – Signaltheorie und Signalverarbeitung.* Berlin: Springer Verlag, 2003

19 Neubauer, A.: *Informationstheorie und Quellencodierung – Eine Einführung für Ingenieure, Informatiker und Naturwissenschaftler.* Wilburgstetten: J. Schlembach Fachverlag, 2006

20 Neubauer, A.: *Kanalcodierung – Eine Einführung für Ingenieure, Informatiker und Naturwissenschaftler.* Wilburgstetten: J. Schlembach Fachverlag, 2006

21 Neubauer, A.: *Digitale Signalübertragung – Eine Einführung in die Signal- und Systemtheorie.* Wilburgstetten: J. Schlembach Fachverlag, 2007

22 Neubauer, A.; Freudenberger, J.; Kühn, V.: *Coding Theory – Algorithms, Architectures, and Applications.* Chichester: John Wiley & Sons, 2007

23 Ohm, J.-R.; Lüke, H.D.: *Signalübertragung – Grundlagen der digitalen und analogen Nachrichtenübertragungssysteme.* 11. Auflage, Berlin: Springer Verlag, 2011

24 Oppenheim, A.V.; Willsky, A.S.: *Signale und Systeme.* Weinheim: VCH Verlagsgesellschaft, 1989

25 Oppenheim, A.V.; Schafer, R.W.: *Zeitdiskrete Signalverarbeitung.* 3. Auflage, München: R. Oldenbourg Verlag, 1999

26 Schrüfer, E.: *Signalverarbeitung – Numerische Verarbeitung digitaler Signale.* 2. Auflage, München: Carl Hanser Verlag, 1992

27 Strampp, W.; Vorozhtsov, E.V.: *Mathematische Methoden der Signalverarbeitung.* München: R. Oldenbourg Verlag, 2004

28 von Grünigen, D.: *Digitale Signalverarbeitung – mit einer Einführung in die kontinuierlichen Signale und Systeme.* 4. Auflage, München: Carl Hanser Verlag, 2008

29 Wendemuth, A.: *Grundlagen der digitalen Signalverarbeitung – Ein mathematischer Zugang.* Berlin: Springer Verlag, 2004

30 Werner, M.: *Signale und Systeme – Lehr- und Arbeitsbuch mit MATLAB-Übungen und Lösungen.* 3. Auflage, Wiesbaden: Vieweg+Teubner, 2008

Sachverzeichnis

Printed in the United States
By Bookmasters